AF460926

ANALYSE

D'UNE NOUVELLE

ORNITHOLOGIE

ÉLÉMENTAIRE,

PAR L. P. VIEILLOT,

AUTEUR DE DIVERS OUVRAGES D'ORNITHOLOGIE, ET UN DES COLLABORATEURS DU NOUVEAU DICTIONNAIRE D'HISTOIRE NATURELLE.

PARIS,

DETERVILLE, Libraire, rue Hautefeuille, n°. 8.

DE L'IMPRIMERIE DE A. BELIN.

1816.

ANALYSE

D'UNE

NOUVELLE ORNITHOLOGIE

ÉLÉMENTAIRE.

M'ÉTANT assuré, par un examen approfondi et des observations réitérées, que beaucoup d'oiseaux nouvellement découverts ne pouvoient être rangés dans les genres établis sans y être déplacés, et que parmi les autres il en est un certain nombre qui ne sont pas classés convenablement, j'ai pensé qu'un nouveau traité élémentaire, mis au niveau de nos connoissances actuelles, devenoit de la plus grande nécessité pour celui qui veut s'adonner à l'étude de l'ornithologie. Tel est le travail dont je me suis occupé. Persuadé cependant qu'on ne doit faire que des innovations reconnues utiles, et que tout autre changement, bien loin de contribuer aux progrès de la science, ne fait que causer du désordre dans les idées, embarrasser et tromper la mémoire, j'ai suivi la route tracée par nos meilleurs méthodistes modernes, en prenant pour base le système de Linné, avec d'autant plus de motifs, qu'il a l'assentiment général.

J'ai néanmoins supprimé son ordre *picæ*, et je l'ai fondu avec ses *passeres*, vu que les uns et les autres ont une parfaite analogie dans les attributs que m'a fourni le pied, la seule partie que j'aie consultée pour caractériser mes ordres, et la seule qui m'ait paru admissible pour quelques-unes de ces grandes divisions; sans quoi, si l'on vouloit y joindre les signes que peut fournir le bec, on seroit forcé de multiplier ces ordres au point que les genres deviendroient à peu près nuls; tant il présente de formes différentes. Alors on ne trouveroit plus cet enchaînement et ces degrés indiqués par la nature elle-même pour arriver aux espèces. On pourroit m'objecter que l'illustre naturaliste suédois n'a établi que six ordres, quoiqu'il ait fait valoir certaines formes du bec, et qu'un savant méthodiste anglais a suivi le même plan, en n'en constituant que trois de plus : mais, si l'on porte son attention sur les caractères qu'ils ont indiqués pour les *picæ*, les *grallæ*, les *anseres* (*palmipedes* de Latham), peut-on disconvenir que ce ne soient pas ceux du bec d'un grand nombre de genres de ces ordres? En effet, tous les *picæ* ont-ils le bec *cultratum dorso convexo?* Est-ce bien celui des todiers, des grimpereaux, des colibris, des oiseaux-mouches, des calaos, etc.? Tous les *grallæ* ont-ils le bec *subcylindricum?* Est-ce celui des phœnicoptères, des avocettes, des spatules, des savacous, des ombrettes, etc.? N'en est-il pas de même chez les *anseres* ou *palmipedes*, pour lesquels ces méthodistes généralisent un bec *epidermide tectum, apice auctum*, lequel n'est guère que celui des oies, des cygnes, des canards? car on ne peut dire, sans se tromper, que c'est le bec des alques, des manchots, des pétrels, des anhingas, des frégates, des cormorans, des fous, des plongeons, des mouettes, etc. Ainsi donc, pour établir mes cinq grandes divisions, j'ai cru devoir ne consulter que le pied, parce qu'il m'indique des attributs constans, et que tous ces attributs sont propres aux espèces que chacune renferme. De là il résulte que, les *picæ* et les *passeres* de Linné ayant les uns et les autres les jambes totalement emplumées, tous les doigts posés au bas du tarse sur le même plan, j'ai dû conséquemment les réunir dans le même ordre avec d'autant plus de raison, qu'outre les différences du bec dont il vient d'être question, beaucoup de *picæ* n'ont point des *pedes validiusculi*; car certainement ce ne sont point les pieds des todiers, des sittelles, des grimpereaux, des colibris, etc.

L'ensemble des caractères indiqués ci-dessus ne se trouve que dans mon 2.e ordre et dans celui des oiseaux de proie : mais ceux-ci leur en réunissent d'autres qui leur sont particuliers, quoique tirés de la même partie ; c'est pourquoi je les ai isolés. Ils diffèrent en effet des *picæ* et des *passeres* de Linné par leurs pieds nerveux, par leurs doigts garnis de verrues sous les jointures, et par leurs ongles très-mobiles et *rétractiles*, c'est-à-dire, pouvant se replier spontanément sous les pénultièmes phalanges.

Les *picæ* à deux doigts devant, deux derrière, présentent par cette disposition un attribut qui les distingue parfaitement de tous les autres oiseaux ; aussi des méthodistes en ont fait un ordre particulier sous le nom de *grimpeurs*, nom cependant qu'on ne peut donner avec vérité qu'à deux ou trois genres de cette grande division, et qui d'ailleurs convient très-bien à d'autres *picæ* et à des *passeres*, comme je le prouverai par la suite. J'ai donc, d'après ce motif, rejeté cette dénomination, pour y substituer celle de *zygodactyles* (doigts par paires), laquelle me paroît propre à tous. Aussi l'ai-je imposée à la première tribu de mon 2.e ordre, laquelle remplace dans mon ouvrage celui des grimpeurs.

Je viens d'indiquer les motifs qui m'ont décidé à réunir les *picæ* et les *passeres* de Linné : je dois encore dire pourquoi je n'ai pas adopté le nom de *passeres*. D'abord, que signifie ce mot, que l'on a traduit en français par celui de *passereaux?* On n'est pas d'accord sur l'acception dans laquelle il faut le prendre. Selon les uns, il veut dire *oiseaux de passage :* il seroit presque inutile de combattre une pareille signification, tant elle est vicieuse. Mais supposons qu'on l'adopte, peut-on l'appliquer généralement au grand nombre des espèces que renferme cet ordre, puisqu'il en est beaucoup qui sont sédentaires dans le pays de leur naissance? Selon d'autres, et cela me paroît très-vraisemblable, on ne doit appeler *passeres* que les petites espèces, telles que les gros-becs, les pinsons, les fauvettes, les gobe-mouches, les mésanges, les moineaux, les alouettes, etc., ainsi que l'a fait Linné, qui cependant y joint les pigeons. En ce cas, de savans méthodistes modernes n'auroient pas dû donner ce nom aux *picæ* corbeaux, calaos, cassiques, à quelques oiseaux de paradis et aux rolliers, qui ne peuvent pas être signalés pour de petites espèces. Ce dissentiment par rapport à la signification de ce nom, et l'inconvenance de l'imposer à des oiseaux auxquels il n'est nullement propre, m'ont décidé à le remplacer par celui de *sylvicolæ*, puisque tous habitent les bois et les bocages pendant la belle saison, et qu'ils y nichent sur les arbres, dans les buissons et à terre. On m'opposera peut-être qu'il en est parmi eux, tels que les alouettes, les hochequeues et les motteux, auxquels ce nom ne peut convenir : en effet, on ne les trouve point dans les forêts, et presque jamais sur les arbres; mais ils habitent dans les herbes, et *sylva nomen generale est non solùm arborum sed etiam herbarum* (Calepini Dictionarium, *verbo* Sylva). D'autres prétendront au moins exclure des hirondelles et des martinets, parce qu'en Europe ils se tiennent communément et nichent dans nos habitations ; mais il en est autrement dans les contrées de l'Amérique et des autres parties du monde qui sont encore dans leur état naturel ; là ces oiseaux n'ont pour retraite que les arbres creux ou les rochers situés au milieu des grands bois.

J'ai conservé tous les genres de Linné ; mais m'étant assuré que ceux des *vultur*, *falco*, *lanius*, *psittacus*, *upupa*, *certhia*, *motacilla*, *muscicapa*, *loxia*, *oriolus*, *tanagra*, *colomba*, *crax*, *phasianus*, *tetrao*, *tringa*, *charadrius*, *parra*, *fulica*, *ardea*, *scolopax*, *tantalus*, *anas*, *colymbus*, *pelecanus*, *aptenodytes*, etc. dont plusieurs ont déjà été divisés par Latham et des méthodistes modernes, renferment des espèces qui n'en possèdent point les caractères, ou qui en ont de plus essentiels et de plus constans, j'en ai fait de nouveaux groupes. De plus, j'ai placé dans divers genres la plupart des héorotaires, et j'ai divisé les souimangas et les guit-guits, que j'ai classés avec les grimpereaux dans l'histoire des oiseaux dorés. Quoiqu'alors j'en sentisse le besoin, je ne pouvois m'éloigner du plan fixé pour un ouvrage dont je n'étois que le continuateur. Je me suis conduit de même pour plusieurs oiseaux de paradis, qui en effet n'ont, pour la plupart, d'analogie que dans un luxe de plumes de formes extraordinaires, luxe qu'on ne peut admettre que comme un attribut accessoire, et seulement encore pour les mâles.

Des ornithologistes allemands et hollandais prétendent que les *falco*, *loxia* et *anseres* de Linné ne sont pas susceptibles d'être divisés en plusieurs genres, et que les auteurs qui le font ne les établissent qu'à l'aide de caractères *fondés sur des bases aussi difficiles à saisir que peu stables*. Cependant, au lieu de genres, ils ont fait des divisions ou des sections auxquelles ils imposent un nom particulier, et auxquelles ils appliquent les mêmes caractères que ceux que ces auteurs emploient pour distinguer leurs genres. Je leur demande donc comment il se fait que ces mêmes caractères soient faciles à saisir et stables dans leurs divisions, et ne le soient pas dans les genres; car ils ne peuvent changer de nature, parce que leurs groupes ne sont pas sous les mêmes indications.

J'ai rétabli plusieurs genres de Brisson qu'on a eu tort de supprimer pour en placer les espèces avec d'autres, dont elles n'ont pas les attributs génériques : en effet, qui cherchera sous les mêmes signes les geais, les casse-noix, les coracias et les corbeaux; les gros-becs, les bouvreuils et les becs-croisés; les martins-pêcheurs et les jacamars; les coqs et les faisans; les bécasses; les barges et les courlis; les échasses et les pluviers; les vanneaux, les chevaliers, les bécasseaux, les phalaropes et les tourne-pierres; les fous et les pélicans? Je pourrois encore citer d'autres oiseaux aussi mal placés que ceux-ci dans les dernières éditions de Linné et dans l'index de Latham; mais il n'est question ici que des genres de Brisson, dont j'ai supprimé celui du *corrira*, quoiqu'adopté par d'autres méthodistes plus modernes. Cet oiseau unique est décrit trop succinctement et figuré d'une manière trop défectueuse dans l'Ornithologie d'Aldrovande, pour qu'on puisse assurer que c'est une espèce réelle. Je suis d'ailleurs persuadé qu'il n'existe point dans la nature tel que l'auteur nous le présente, et que c'est un composé de parties hétérogènes, comme l'on en voit quelquefois chez les empailleurs. Ses pieds me semblent être ceux d'une avocette, et le reste pourroit bien appartenir au grand pluvier (*calidris œdicnemus*). Je persiste d'autant plus dans cette opinion, que le *corrira* ou le coureur, que l'on dit ne se trouver qu'en Italie, n'y a point été vu depuis Aldrovande, et que, s'il étoit d'une autre contrée de laquelle il se fût égaré, on l'auroit certainement rencontré, puisque des recherches multipliées nous ont mis à portée de connoitre tous les oiseaux de cette partie de l'Europe et des pays voisins.

J'ai encore retranché le solitaire (*didus solitarius*) et l'oiseau de nazare (*didus nazarenus*), dont on a tiré les descriptions de récits fabuleux ou exagérés, et de très-mauvaises figures; de plus, on n'a point rencontré ces oiseaux depuis les voyageurs qui en parlent, et leurs dépouilles n'ont jamais fait partie d'aucune collection ancienne ou moderne. Dans tous les cas, s'ils sont tels qu'on les signale, ils ne peuvent être du genre dans lequel on les a classés, vu qu'ils n'en ont pas les caractères. En effet, la figure du solitaire indique un bec très-différent de celui du dronte, mais approchant de celui du dindon, cependant plus long, plus courbé et plus effilé. Cet oiseau n'a de commun avec le dronte que le nombre et la position des doigts, la forme des ailes et le défaut de queue. L'oiseau de nazare s'en éloigne encore plus; car, outre qu'il n'en a pas le bec, il est tridactyle, et les doigts sont posés comme ceux du casoar. Il s'ensuit de là que, si ces oiseaux extraordinaires existent réellement, chacun doit être le type d'un nouveau genre. Le dronte lui-même est encore très-suspect, puisqu'Edwards, d'après lequel on l'a décrit, ne l'a jamais vu en nature, et en a pris la figure sur un mauvais dessin: en outre, on ne le trouve plus dans le pays indiqué pour sa patrie, ni ailleurs.

Les nouveaux genres de Latham étant fondés sur des signes constans et précis, je n'ai pas balancé à les adopter. Un reproche qu'on peut faire à ce savant, c'est de n'en avoir point établi un plus grand nombre, puisqu'il avoit sous les yeux des sujets qu'il avoue lui-même n'être pas à la place qui leur convient.

Il a craint, dit-il, de trop charger la mémoire et de dégoûter l'étudiant. Mais des classifications d'individus sous des attributs qui leur sont étrangers, n'occasionnent-elles pas un travail plus difficile? car, faute de guide, on est forcé de parcourir un *Species*, où ils sont tellement confondus dans la foule, que presque toujours on n'en doit la découverte qu'au hasard.

Mes ordres sont divisés par tribus, familles et genres; plusieurs de ces derniers le sont par sections, de manière que par gradation l'on parviendra plus aisément à l'objet qu'on cherche à connoître. Les pieds m'ayant fourni, ainsi que je l'ai déjà dit, des signes constans et en nombre suffisant pour mes cinq grandes divisions, je n'ai point fait usage de ceux que pourroient offrir d'autres parties; du moins ils n'y paroîtront que comme accessoires. Par ce moyen, je fixe l'attention sur un seul objet, et j'écarte les embarras qui résultent nécessairement d'un examen plus étendu. Ces signes sont tirés, 1.° des jambes, ou en partie ou entièrement couvertes de plumes; 2.° des tarses plus ou moins longs, comprimés latéralement ou arrondis, nus ou emplumés en tout ou en partie; 3.° du nombre des doigts, de leur position, de leur séparation totale, de leur union plus ou moins prolongée; 4.° des membranes qui les réunissent, ou seulement à leur base ou dans toute leur longueur, de ces mêmes membranes étroites, entières et bordant seulement les doigts, ou découpées en festons, ou divisées en forme de lobes, et enfin de la conformation des ongles.

Mes tribus et mes familles ne sont constituées que pour aider à la recherche des objets présentés en grande masse dans les ordres, et pour arriver aux genres avec plus de facilité. J'ai tiré les dénominations des unes et des autres indistinctement des pieds, des doigts, des ongles, des ailes, du bec, de la langue, des caroncules, du chant, de certains rapports que deux de ces divisions présentent entre elles, du lieu fréquenté de préférence, d'une nourriture ou d'une habitude commune aux espèces qu'une famille renferme, et enfin de la position des yeux. On trouvera peut-être que les familles et les genres sont en trop grand nombre ; mais pouvois-je agir autrement, dès que je m'en servois, sans m'exposer à réunir dans le même cadre des êtres qui n'ont pas les attributs nécessaires pour en faire partie, comme l'on en voit dans des ouvrages ainsi divisés, et par conséquent à manquer le but qu'on doit se proposer et ne jamais perdre de vue, quand on entreprend un pareil travail?

L'ordre des accipitres (1.er) est partagé en deux tribus. L'une contient les espèces dont les yeux sont latéraux; et l'autre, celles qui les ont en face. La première renferme trois familles; la deuxième, une seule. Celles-ci sont divisées en vingt-deux genres, dont plusieurs sont déterminés d'après des oiseaux étrangers à l'Europe, ou non décrits ou mal jugés. J'ajoute aux caractères indiqués par les méthodistes pour cet ordre, les jambes totalement emplumées, les tarses ou couverts d'écailles polygones ou d'un duvet qui s'étend quelquefois jusqu'aux ongles ; quatre doigts, trois devant, un derrière; les extérieurs unis à la base par une membrane, ou entièrement séparés; l'externe ordinairement versatile, et le postérieur posé sur le même plan que les autres, portant à terre sur toutes les articulations, et formant avec son ongle un cercle autour du juchoir; les ongles épais à la racine, mobiles et susceptibles de pouvoir à volonté se replier sous les pénultièmes phalanges.

J'ai rangé dans la famille des vautourins le *rancanca*, que Buffon donne pour un aigle (1), Daudin

(1) Petit aigle de l'Amérique.

pour un autour, Latham et Gmelin pour un faucon (1), quoiqu'il n'ait les caractères d'aucun de ces oiseaux. Cette espèce n'a des accipitres, selon les voyageurs et les naturalistes qui l'ont observée dans son pays natal, ni le vol, ni les habitudes, ni les mœurs, ni les goûts; au contraire, elle est douce et paisible, et ne se nourrit que de fruits, de semences, d'insectes, et ne prend sa subsistance que sur les arbres. Néanmoins, quand on considère son extérieur, on ne peut se défendre d'en faire un oiseau de proie qui a de l'analogie avec les vautours par quelques parties de la tête et par sa gorge dénuées de plumes, par son jabot, par les formes du bec et des ongles. J'ai seulement remarqué que la mandibule supérieure est un peu voûtée sur l'inférieure, et que celle-ci se termine comme celle des gallinacés; c'est pourquoi des ornithologistes ont balancé à le classer avec ceux-ci: mais il n'en a ni les tarses ni les doigts, sur-tout le pouce, et ni les ongles. Cependant, si de nouvelles observations confirment le genre de vie dont il vient d'être question, il faudra, malgré ses rapports avec les accipitres, le classer ailleurs. La place qui me semble lui convenir seroit près des dernières familles de mon 2.e ordre; ce qui le rapprocheroit des gallinacés, avec lesquels il a quelque analogie.

Le 2.e ordre (sylvains) est composé de deux tribus, de trente familles, et de cent cinquante-deux genres. Les tribus sont déterminées d'après la situation des doigts : dans la première, l'extérieur est ou toujours en arrière, de façon qu'il n'y en a que deux qui se portent en avant, ou susceptible aussi de la même direction que ceux-ci; ce qui donne lieu à deux sections. Cette première tribu renferme les oiseaux que des méthodistes nomment

(1) *Falco aquilinus*.

grimpeurs, dénomination qui convient très-bien aux pics, aux torcols, et en quelque sorte aux perroquets, quoiqu'ils ne montent ni ne descendent de branche en branche qu'à l'aide de leur bec, sur lequel ils s'appuient, pour ensuite poser les pieds alternativement ; manière de grimper totalement inusitée pour les pics et les torcols, qui ne grimpent qu'en sautillant, et familière au bec-croisé, quoiqu'il ait les doigts autrement disposés. Celui-ci et les perroquets peuvent par ce moyen descendre la tête en bas, faculté que n'ont ni les précédens ni plusieurs grimpeurs à trois doigts antérieurs.

On ne peut, suivant moi, appliquer ce nom aux autres espèces de cette tribu, sans en donner une fausse idée, puisqu'aucune ne grimpe. Non-seulement la division des doigts par paires ne suffit pas pour constituer un vrai grimpeur, mais elle n'est pas exclusivement propre à cette fonction, comme l'assurent des ornithologistes ; car les sittelles, les grimpereaux proprement dits, les picucules, les talapiots, agissent de même que les pics, quoiqu'ils aient trois doigts devant. Ces auteurs ne me paroissent pas mieux fondés, lorsqu'ils ajoutent que cette structure du pied rend ces oiseaux plus propres à s'accrocher aux branches, puisque nous voyons les mésanges, les roitelets, les sizerins, les colious, etc. se conduire dans cette fonction au moins avec autant d'adresse que les perroquets, tandis que presque tous leurs grimpeurs ne s'y accrochent jamais. La dernière famille des zygodactyles, laquelle n'est composée que de deux genres, sert à lier, comme je l'ai dit précédemment, cette tribu à celle des anisodactyles dont il va être question, en ce que les espèces qu'elle contient portent le plus souvent le doigt externe en devant, au contraire de celles de la famille qui la précède, chez lesquelles ce même doigt se tient le plus souvent en arrière.

La mobilité de ce doigt se fait aussi remarquer chez plusieurs accipitres, et sur-tout chez la plupart des chouettes; il s'ensuit que leur ordre se rapproche de la première tribu des *sylvicolæ* par cette versatilité digitale : mais je ne connois pas d'autre caractère extérieur qui puisse remplir les lacunes qui existent entre ces deux ordres, à moins qu'on ne fasse valoir les rapports que présente le bec des perroquets, puisque sa mandibule supérieure est couverte d'une cire nue à la base, ainsi que chez la plupart des accipitres, et crochue à la pointe, l'inférieure plus courte et obtuse, et tous les deux à bords tranchans. Ces rapports ne sont pas si éloignés qu'on pourroit d'abord le croire; car il ne manque à certains perroquets que d'avoir des pieds d'oiseaux de proie pour être classés parmi eux; de plus, si l'on en croit des voyageurs, il en est qui font la chasse aux petits oiseaux, afin de s'en nourrir. Cette manière de vivre rapproche aussi des accipitres les pies-grièches et certains coraces.

La deuxième tribu renferme tous les *picæ* à trois doigts devant, et les *passeres* de Linné. Quelques-uns (des engoulevents et les colious) ont aussi un doigt versatile : mais, chez eux, ce doigt est le postérieur; distinction suffisante pour ne pas les confondre avec les zygodactyles. Elle est divisée en vingt-deux familles, dont les quatre dernières sont les seules sur lesquelles j'entrerai ici dans quelques détails, parce que les espèces qui les composent ont été classées avec les gallinacés, quoiqu'ils n'en aient ni les principaux caractères ni le genre de vie. Ces trois familles sont sous les noms de *porte-lyres*, *colombins ophiophages* et *alectrides*. Celle des ménures n'est composée que d'un seul genre et que d'une seule espèce remarquable par une réunion d'attributs extraordinaires. Elle a les tarses alongés, maigres, couverts en devant de cinq ou six grandes écailles annelées, les doigts grêles, assez longs, les extérieurs étroitement unis jusqu'à la deuxième articulation, l'intérieur totalement libre et le postérieur mobile, posé comme celui des oiseaux sylvains et des accipitres. En outre, les ongles sont longs, peu crochus, aussi épais que hauts, convexes en dessus et obtus, caractères qu'on ne trouve point chez les gallinacés : elle ne leur ressemble que par des ailes arrondies, courtes, un peu concaves, et à quelques-uns par la manière dont elle dispose d'une queue large, très-longue et composée de seize pennes, laquelle étant relevée et épanouie représente assez bien une lyre ; ce qui lui a valu le nom de *porte-lyre*. Mais ces rapprochemens sont bien loin de balancer les rapports qu'elle a avec les sylvains ; de plus, si l'on consulte le peu que l'on sait de son genre de vie, on voit qu'elle se tient sur les arbres, et qu'elle n'en descend que pour chercher sa nourriture ; ce qui n'indique nullement un gallinacé. Quoique les colombins n'aient aucune analogie dans leur extérieur et dans leur naturel avec les *gallines*, ils ont, malgré cela, été classés dans leur ordre par des ornithologistes. Latham en a fait un ordre particulier. Linné les range avec ses *passeres* : en effet, ils ont avec ceux-ci une très-grande affinité par la forme, la position et l'usage du pouce, par leurs noces ; leur ponte, l'incubation, et par l'éducation de leurs petits ; analogie qui m'a paru suffisante pour ne pas les en éloigner.

Mes alectrides (30.e famille) ressemblent beaucoup plus aux gallinacés que les précédens ; c'est pourquoi tous les méthodistes les ont placés dans le même ordre : ils en ont, il est vrai, le corps épais, les ailes et les tarses ; mais leur doigt postérieur, leurs ongles, et même leur queue, offrent des différences si prononcées, qu'on ne doit pas les rejeter. D'un autre côté, si l'on veut avoir égard à leur genre de vie, à leurs amours, à la manière dont ils élèvent leurs petits, on ne peut se refuser à les classer dans l'ordre où je les ai mis, lequel leur est propre sous presque toutes les convenances, et d'autant plus qu'ils en ont le principal caractère, c'est-à-dire, le pouce articulé au bas du tarse, sur le même plan que les autres doigts; position qui leur donne le moyen de s'en servir comme les sylvains; ce que ne peuvent faire les vrais gallinacés, parce qu'ils l'ont autrement posé et conformé, ainsi qu'on le verra ci-après. Mes alectrides sont monogames; leur ponte est de deux à six œufs au plus; leurs petits sont nourris dans le nid, et ne le quittent que lorsqu'ils sont en état de voltiger. Ils se tiennent pendant une partie du jour et toute la nuit sur les arbres, et n'en descendent guère que le matin et le soir pour prendre leur nourriture. Ils construisent leur nid sur les branches et à une certaine élévation, le composent à peu près des mêmes matériaux que les ramiers, et ils vivent par couples.

On a fait de l'hoazin (28.ᵉ famille) un faisan (*phasianus cristatus*); ce nom ne lui convient d'aucune manière; car, outre qu'il se nourrit principalement de serpens, il a les doigts alongés, l'intermédiaire plus long que le tarse, et le pouce très-mobile: de plus, il a le bec d'une structure très-différente, la queue autrement conformée et composée seulement de dix pennes, les ongles arqués, aigus, formes qui ne lui permettent pas de marcher avec aisance; aussi ne fait-il que sautiller comme les accipitres, lorsqu'il est à terre.

Tous les *passeres* et tous les *picæ* de Linné ont le pouce mobile. Il s'en trouve parmi eux, et c'est le plus grand nombre, dont les trois doigts antérieurs, ou seulement les deux extérieurs, sont comme soudés au moins à la base; caractères qu'on ne remarque chez aucune espèce des autres ordres (1). Quelques-uns ont une membrane entre les doigts antérieurs, et seulement à leur origine; d'autres, mais en très-petite quantité, les ont totalement séparés. Les engoulevents portent le pouce en avant lorsqu'ils sont perchés; ce qui les rapproche des martinets, qui l'ont toujours dans cette disposition : ce doigt est, chez les colious, articulé sur le côté du tarse, et le plus souvent tourné en devant; c'est pourquoi ils s'accrochent aux branches comme les martinets aux murailles; cette situation leur est si naturelle, qu'ils s'y tiennent même pendant leur sommeil.

A l'exception des perroquets, des alcyons, des guêpiers, des pigeons, des hoazins et des alectrides, dont le tarse est couvert d'écailles polygones, tous les autres l'ont annelé. On ne peut, dans un ordre aussi nombreux en espèces, généraliser la forme du bec, sans s'exposer à ce qu'elle soit étrangère à la plupart; aussi n'en ai-je pas fait mention.

Les gallinacés (3.e ordre) sont divisés en deux familles et en douze genres. Les espèces de la première ont le tarse nu, tandis que dans la dernière il est couvert de plumes en tout ou en partie, et quelquefois jusqu'aux ongles. Quelques-unes sont tridactyles (trois doigts devant, point derrière); toutes les autres sont tétradactyles, et ont le pouce posé en arrière ou sur le côté du tarse, mais toujours plus haut que les doigts antérieurs, toujours incliné, jamais mobile, n'appuyant à terre que sur le bout ou seulement sur l'ongle, soit qu'elles marchent, soit

---

(1) Si ce n'est le *tetrao paradoxus*, si réellement il a les doigts réunis jusqu'aux ongles, ainsi qu'on le dit; mais cet oiseau n'a point de pouce, et les trois doigts sont dirigés en avant.

qu'elles soient en repos; le ganga seul l'a élevé de terre. Ce doigt reste perpendiculaire lorsqu'elles sont perchées, et presse seulement le juchoir; enfin jamais il ne s'étend sur toute sa longueur, dans quelque situation qu'elles soient. La forme et l'immobilité des ongles, la position et la fonction du doigt postérieur suffisent pour ne pas les confondre avec certains oiseaux de proie du nouveau continent, qui s'en rapprochent tellement, que si l'on n'avoit égard à ces différences, on pourroit les classer dans le même ordre.

Des échassiers ont le pouce articulé de même; mais on reconnoîtra toujours les gallinacés à leurs jambes entièrement charnues et emplumées, à leur bec plus ou moins voûté, deux caractères qui étant réunis les distinguent parfaitement des précédens, quelques rapports que les uns et les autres présentent d'ailleurs. Tous les gallinacés nichent à terre, et, à l'exception du ganga, font une ponte nombreuse. Si quelques-uns, comme les tinamous de Cayenne, construisent leur nid sur les grosses branches basses des arbres, on ne doit s'en prendre qu'à la localité; car, dans l'Amérique australe, ils agissent de même que nos perdrix. Tous ces oiseaux se tiennent à terre pendant le jour, et la plupart pendant la nuit. Ceux qui se perchent ne le font que sur une rosse branche, ne pouvant sur une autre garderg plus long-temps leur équilibre, vu la position du pouce, et de plus la conformation de son ongle. Leurs petits, dès leur naissance, quittent le nid, courent, et mangent seuls les alimens que leur indique la mère. Nous venons de voir que mes alectrides se comportent tout autrement.

Les échassiers composent le 4.ᵉ ordre, lequel est divisé en deux tribus d'après le nombre des doigts, en quinze familles et en cinquante-un genres. J'y ai classé les autruches, les casoars et les outardes, parce qu'elles m'ont paru y être plus convenablement que dans le précédent, où Linné les a placées. Les échassiers diffèrent des gallinacés par la longueur du pied, proportionnellement à leur taille, par la nudité de la partie inférieure de la jambe, et par d'autres signes indiqués ci-après. Cependant cette nudité n'est pas sans quelques exceptions, car la bécasse et le blongios ont la jambe totalement couverte de plumes jusqu'au genou. Il en est de même parmi les oiseaux nageurs, pour le cormoran et la frégate ; mais les jambes ne sont charnues qu'à l'origine. Des méthodistes ont classé le secrétaire avec les oiseaux de proie ; en effet, il en a le bec et l'appétit ; mais la grande longueur de ses pieds, la maigreur du bas de sa jambe, quoique couvert de plumes, et la position du pouce, m'ont décidé à le mettre dans l'ordre dont il est question, et à le rapprocher du cariama (*palamedea cristata*, Linné) qui a avec lui beaucoup d'analogie par les tarses, les doigts antérieurs, les ongles, le genre de vie et la nourriture. On y trouve aussi l'agami (*psophia crepitans*), qui ne diffère guère des gallinacés que par la nudité d'une partie de la jambe et par la longueur du pied : il n'en est pas autrement pour les outardes.

Parmi les espèces qui contiennent les premières familles de cet ordre, il s'en trouve beaucoup qui ont au moins deux des doigts antérieurs unis à la base par une membrane, et d'autres, en petit nombre, qui les ont totalement séparés ; mais aucun échassier, à quelque division qu'il appartienne, ne les a réunis comme la plupart des oiseaux sylvains, c'est-à-dire tellement joints, au moins à la base, qu'ils semblent soudés de manière qu'ils forment en dessous une sorte de plante de pied chez les oiseaux nommés *gressorii* par des auteurs, et *platypodes* par d'autres.

Le tarse des échassiers n'est jamais plus court que le doigt intermédiaire, et il est ordinairement plus long. Quelques-uns ont le pouce posé comme celui des oiseaux sylvains ; aussi remplit-il les mêmes fonctions ; mais c'est le seul attribut qu'ils ont de commun avec ceux-ci. Le bec se présentant sous diverses formes, ne peut être signalé pour un caractère d'ordre.

Les gallinules, les foulques, les phalaropes, les avocettes et les phœnicoptères composent les trois dernières familles de mes échassiers. Si l'on consulte le genre de vie de presque tous ces oiseaux, on les classera avec raison parmi les nageurs (nom de mon dernier ordre) : au contraire, si l'on a égard à la longueur et à la rotondité des tarses, on les donnera pour des échassiers, ainsi que l'ont fait Linné et d'autres ornithologues. C'est donc à l'exemple de ces savans que je les place avec ceux-ci.

Les nageurs (5e. et dernier ordre) sont distribués en trois tribus, sept familles et vingt-cinq genres. Leurs pieds sont à l'équilibre ou à l'arrière du corps; les jambes en partie dénuées de plumes (excepté les cormorans et les frégates); les tarses réticulés, courts ou médiocres, et comprimés latéralement plus ou moins; les doigts, au nombre de trois ou de quatre, palmés, quelquefois lobés ; les ongles courts, un peu étroits, pointus ou obtus chez la plupart, plats et arrondis chez les autres.

Les espèces de la première tribu ont quatre doigts, le pouce, ou alongé et engagé dans la même membrane que les autres, ou court, isolé, toujours en arrière, et articulé sur le tarse plus haut que les antérieurs.

Celles de la deuxième n'ont point de doigt postérieur; un ongle sessile en tient lieu chez quelques-uns.

Enfin, chez les nageurs de la troisième, le pouce est dirigé en avant, court et libre; de plus, elles se distinguent de toutes les autres par leurs ailes dénuées de remiges, et seulement revêtues de plumes courtes, roides et pressées. Ces êtres singuliers, qu'on pourroit appeler oiseaux imparfaits, terminent la deuxième classe du règne animal.

Le bec, les narines, la langue, les ailes, m'ont fourni les signes génériques; en outre, j'y en ai joint d'autres tirés de diverses parties dénuées de plumes, et quelquefois du nombre et de la forme des pennes de la queue, lorsque j'ai cru que les premiers n'étoient pas suffisans ou assez distincts pour tracer une ligne de démarcation entre les genres. Un certain nombre de ceux-ci a été divisé par sections, parce que leurs espèces ont offert quelques dissemblances caractéristiques, mais pas assez essentielles pour en faire un groupe particulier.

Les caractères tirés des ailes ne sont le plus souvent qu'accessoires; ils consistent dans les proportions relatives, dans le plus ou le moins de longueur des remiges primaires, quelquefois des secondaires. J'ai dans certains cas fait valoir la penne que Brisson donne pour la première des primaires, et que Buffon rejette comme n'en faisant pas nombre (article du *roitelet*). Cette penne, implantée à l'extrémité de la phalange du long doigt, située immédiatement au dessous de la première remige, en a la roideur et la texture; mais elle n'en remplit pas les fonctions; car elle reste immobile quand toutes les pennes se déploient en éventail, d'où est venu la dénomination de *penne bâtarde* que je lui ai imposée, pour la distinguer des autres. On m'objectera peut-être qu'étant inutile par son état, elle ne doit point prendre rang parmi elles et en porter le nom; mais comme elle ne fait point partie des couvertures supérieures, quoique Buffon dise le contraire, ni des inférieures, il falloit cependant la signaler nominativement, et j'ai préféré de l'appeler *penne*, d'autant plus que cet auteur la nomme ainsi, lorsqu'elle a une certaine longueur (article de la *pie*), et je crois qu'un peu moins d'étendue ne doit pas lui faire perdre cette dénomination, puisque longue ou courte, elle a toujours beaucoup moins de longueur que la première remige, et qu'elle ne change point de situation. Au reste, il n'y a que des oiseaux de mon ordre des sylvains qui en soient pourvus, et ils ne sont pas en grand nombre. On les trouve dans les familles des insectivores, des baccivores, des pies-grièches et des coraces. Quant aux remiges, dont j'ai fait des caractères accessoires, je n'ai pas cru devoir toujours leur donner la même valeur que chez les accipitres et les gallinacés, où il étoit nécessaire d'indiquer leurs rapports et leurs différences, pour parvenir à une parfaite distinction générique; sans quoi j'aurois été forcé de diviser considérablement les groupes, ou d'en multiplier les sections pour un signe qui alors n'est souvent que spécifique, ainsi que je l'ai remarqué dans les *motacilla*, les *turdus*, les *lanius*, etc. etc.

Enfin je n'ai rien négligé pour perfectionner l'ouvrage dont je viens d'exposer les parties principales, et pour le rendre digne d'être accueilli favorablement de tous ceux qui s'intéressent aux progrès de la plus belle partie de l'histoire naturelle (1).

---

(1) L'introduction et la classification analysées, ont été présentées à l'académie de Turin à la fin de l'année 1813; et la classe des sciences les a approuvées et en a ordonné l'impression dans ses mémoires, le 24 février 1814. La classification seule, mais rédigée en latin, a reçu un accueil favorable de la société Linnéenne de Londres, qui en a fait faire le dépôt dans ses archives, en l'an 1814.

CLASSIFICATION.

I.er ORDRE.

ACCIPITRES, *Accipitres.*

(*Accipitres*, Linn. Lath.)

Pieds robustes, courts ou médiocres. — Jambes totalement couvertes de plumes. — Tarses nus ou vêtus en tout ou en partie. — Doigts verruceux en dessous, 3–1; Pouce portant à terre sur toute sa longueur, articulé au bas du tarse sur le même plan que les autres. — Ongles très-forts, mobiles, rétractiles, arqués, pointus, ou un peu émoussés.

Bec robuste, couvert d'une cire à la base, crochu vers le bout.

I.re TRIBU.

DIURNES, *Diurni.*

Yeux latéraux.

I.re FAMILLE.

VAUTOURINS, *Vulturini.*

Cire glabre, ou poilue, simple, ou caronculée. — Pieds nus. — Doigts extérieurs réunis à la base par une membrane. — Tête ou gorge plus ou moins nue. — Jabot saillant, dénué de plumes, ou laineux.

1.er Genre. Vautour, *Vultur*, Linné. Gmelin. Latham.

Bec droit à la base, convexe en dessus, gros ou grêle. — Cire simple nue. — Jabot nu, ou poilu. — Ongles peu pointus. — Ailes longues. — Rectrices 12 ou 14. 3 sections.

Esp. Petit Vautour. — Griffon, Buffon. — Vautour noir, Brisson.

2. Zopilote, *Gypagus. Vultur*, Linn. Gm. Lath.

Bec droit à la base, convexe en dessus; mandibule supérieure dilatée sur les bords. — Narines simples ou caronculées, situées à l'origine de la cire. — Jabot nu. — Ongles presque obtus, le postérieur le plus court. — Ailes longues. — Tête et cou glabres. 2 sections.

Esp. Roi des vautours, Buff. — Vultur gryffus, Lath.

3. Gallinaze, *Catharista. Vultur*, Linn. Gm. Lath.

Bec alongé, droit jusqu'au-delà du milieu, convexe en dessus; mandibule supérieure à bords droits. — Narines situées sur la partie antérieure du bec. — Jabot nu. — Ongles courts, obtus; le postérieur le plus court. — Ailes longues. — Tête et cou ridés ou mamelonnés. 2 sections.

Esp. Vautour urubu. — Aura, Sonnini, édit. de Buffon.

4. Iribin, *Daptrius.*

Bec droit à la base, convexe en dessus; mandibule supérieure à bords droits; l'inférieure anguleuse en dessous, échancree vers le bout, obtuse. — Cire poilue. — Orbites, gorge, jabot nus. — Ongles pointus. — Ailes longues.

Esp. nouv. (A)

5. Rancanca, *Ibycter. Falco*, Linn. Gm. Lath.

Bec droit à la base, convexe en dessus; mandibule supérieure à bords droits; l'inférieure échancrée vers le bout, un peu pointue. — Cire glabre. — Joues, gorge, jabot nus. — Ongles pointus. — Ailes longues.

Esp. Petit aigle de l'Amérique, Buff.

6. Caracara, *Polyborus. Falco*, Linn. Gm. Lath.

Bec droit à la base, alongé, rétréci en dessus; mandibule inférieure entière, obtuse. — Cire large, poilue. — Face nue. — Jabot laineux. — Ongles presque émoussés, le postérieur le plus fort. — Ailes longues.

Esp. Caracara, Buff.

2.e FAMILLE.

GYPAËTES, *Gypaëti.*

Mandibule inférieure garnie à la base d'un faisceau de plumes roides et longues.

7. Phène, *Phene*, Savigny (1). *Vultur*, Lin. *Falco*, Gm. Lath.

Bec droit et couvert à la base de plumes sétacées, dirigées en avant, arrondi en dessus. — Cire molle, cachée sous les plumes. — Jabot duveteux. — Ongles pointus. — Ailes longues.

Esp. Gypaëte des Alpes, Sonn., édit. de Buff.

3.e FAMILLE.

ACCIPITRINS, *Accipitrini.*

Tête et cou parfaitement emplumés. — Cire découverte.

A. *Ailes longues.*

8. Aigle, *Aquila. Falco*, Linn. Gm. Lath.

Bec presque droit à la base, anguleux en dessus. — Cire un peu poilue. — Tarses vêtus jusqu'aux doigts. — Doigts extérieurs unis à l'origine par une membrane. — Ongles aigus.

Esp. Aigle commun, Buff.

(1) Oiseaux de l'Égypte et de la Syrie.

9. Pygargue, *Haliæetus*, Savig. *Falco*, Linn. Gm. Lath.

Bec presque droit à la base, convexe en dessus. — Cire un peu poilue.—Plumes des jambes longues, pendantes.—Tarses à demi-vêtus.—Doigts totalement séparés; l'externe versatile. —Ongles aigus, inégaux.

Esp. Pygargue, Buff.

10. Balbuzard, *Pandion*, Savig. *Falco*, Lin. Gm. Lath.

Bec presque droit à la base, arrondi en dessus. —Cire poilue.—Plumes tibiales courtes, serrées.—Tarses nus.—Doigts totalement séparés; l'externe versatile.—Ongles égaux, aigus; l'intermédiaire arrondi.

Esp. Balbuzard, Buff.

11. Circaète, *Circaëtus*. *Falco*, Linn. Gm. Lath.

Bec presque droit à la base, convexe en dessus. — Cire un peu poilue.—Tarses alongés.—Doigts un peu courts; les extérieurs unis à l'origine par une membrane. — Ongles courts, presque égaux.

Esp. Jean-le-Blanc, Buff.

12. Busard, *Circus*. *Falco*, Linn. Gm. Lath.

Bec petit, presque droit à la base, un peu anguleux en dessus. — Cire poilue. — Tarses alongés, déliés. — Doigts extérieurs unis à l'origine par une membrane. —Ongles grêles, aigus. 2 sections.

Esp. Busard des marais. —Soubuse, Buff.

13. Buse, *Buteo*. *Falco*, Linn. Gm. Lath.

Bec un peu incliné dès la base, arrondi en dessus. — Cire un peu poilue.—Lorum garni de quelques poils, ou couvert de plumes serrées. — Tarses courts, un peu épais, nus ou vêtus. —Doigts extérieurs unis à la base par une membrane. —Ongles un peu courts; grêles, pointus. 3 sections.

Esp. Buse.—Bondrée, Buff. — Buse patue, Briss.

14. Milan, *Milvus*. *Falco*, Linn. Gm. Lath.

Bec incliné dès la base, anguleux en dessus.—Cire nue. — Tarses courts, minces.—Doigts extérieurs unis à l'origine par une membrane. — Ongles médiocres, peu pointus. —Queue fourchue. 2 sections.

Esp. Milan royal. — Milan de la Caroline, Buff.

15. Couhyeb, *Elanus*, Savig. *Falco*, Lath.

Bec incliné vers la base, arrondi en dessus. — Cire velue. —Tarses courts, épais.—Doigts totalement séparés.—Ongles grands, aigus.

Esp. Blac, le Vaill. Oiseaux d'Afrique.

16. Ictinie, *Ictinia. Falco*, Lath.

Bec court, droit à la base, rétréci en dessus; mandibule supérieure à bords dilatés en forme de dent; l'inférieure échancrée vers le bout. — Cire nue. — Tarses courts, grêles. — Doigts courts; les extérieurs unis à l'origine par une membrane; ongles courts, peu aigus. — Rectrices égales.

Esp. Milan-Cresserelle, Vieill. Oiseaux de l'Amér. sept.

17. Faucon, *Falco.* Linn. Gm. Lath.

Bec incliné dès la base; mandibule supérieure dentée vers le bout; l'inférieure échancrée à la pointe.—Narines tuberculées dans le milieu. — Tarses courts. — Doigts extérieurs unis à l'origine par une membrane.—Ongles presque égaux, plus ou moins aigus.—2e. remige la plus longue. 2 sections.

Esp. Faucon. — Cresserelle, Buff.

B. *Ailes médiocres.*

18. Physète, *Physeta. Falco*, Gm. Lath.

Bec court, incliné dès la base; mandibule inférieure échancrée sur la pointe en forme de cœur, arrondie en dessous.—Narines tuberculées dans le milieu.—Tarses et doigts courts; les extérieurs unis à l'origine par une membrane.—Ongles presque égaux, aigus.

Esp. Falco sufflator, Gm.

19. Harpie, *Harpia. Vultur*, Linn. Lath. *Falco*, Gm.

Bec grand, presque droit à la base, convexe en dessus. — Narines rondes. — Tarses alongés, très-épais, vêtus en devant près du genou. — Doigts extérieurs unis à l'origine par une membrane. — Ongles longs, très-aigus.

Esp. Aigle destructeur, Sonn. édit. de Buffon.

20. Spizaëte, *Spizaëtus. Falco*, Gm. Lath.

Bec grand, presque droit à la base, convexe en dessus. — Narines elliptiques.—Tarses alongés, nus, ou vêtus, un peu grêles. — Doigts courts; extérieurs unis à l'origine par une membrane. — Ongles pointus. 2 sections.

Esp. Autour huppé, le Vaill. Oiseaux d'Afrique. — Aigle moucheté, Vieill. Oiseaux de l'Amérique sept.

21. Asturine, *Asturina.*

Bec grand, presque droit à la base, convexe en dessus. — Narines lunulées. — Tarses courts, un peu grêles. — Doigts extérieurs unis à l'origine par une membrane.—Ongles longs, très-aigus.

Esp. nouv. (B)

22. Épervier, *Sparvius. Falco*, Linn. Gm. Lath.

Bec court, incliné dès la base, convexe en dessus.—Narines

un peu ovales.—Tarses alongés, plus ou moins grêles.—Doigts longs, les extérieurs unis à la base par une membrane. 2 sect.
Esp. Autour. — Épervier, Buff.

2.e TRIBU.

NOCTURNES, *Nocturni.*

Yeux de face.

4e. FAMILLE.

ÆGOLIENS, *Ægolii.*

Région ophtalmique garnie de plumes disposées en rayons.

23. Chouette, *Strix.* Linn. Gm. Lath.

Bec incliné dès la base, et couvert de plumes sétacées, dirigées en avant. — Cire molle, cachée sous les plumes. — Tarses ordinairement vêtus. — Doigts extérieurs unis à la base par une membrane; l'externe souvent versatile. — Ongles très-aigus, très-arqués.—Tête simple, ou ornée de deux aigrettes, en forme d'oreille. 2 sections.
Esp. Chouette-épervier. —Effraie. — Scops, Buff.

2.e ORDRE.

SYLVAINS, *Sylvicolæ.*

(*Passeres*, *Picæ*, Linn. Lath.)

Pieds courts ou médiocres.—Jambes parfaitement emplumées (1).—Doigts un peu aplatis en dessous, 2–2, 3–1, très-rarement 2–1; le pouce articulé au bas du tarse sur le même plan que les autres.—Ongles grêles, mobiles, un peu rétractiles, courbés, pointus, rarement obtus. — Bec de forme variée.

1.re TRIBU.

ZYGODACTYLES, *Zygodactyli.*

Deux doigts devant, deux derrière.

* L'externe-postérieur toujours dirigé en arrière.

1.re FAMILLE.

PSITTACINS, *Psittacini.*

Bec incliné et garni d'une membrane à la base, convexe dessus et dessous, crochu vers le bout; mandibule supérieure anguleuse sur les bords; l'inférieure retroussée, entière ou

---

(1) *Exceptions.* Alcyon.—Guêpier.—Grallarie.

échancrée à la pointe.—Pieds courts.—Tarses réticulés, nus. —Doigts antérieurs réunis seulement à l'origine.

24. PERROQUET, *Psittacus*. Linn. Gm. Lath.

Bec entier ; mandibule supérieure garnie intérieurement, vers le bout, d'un rebord transversal.—Joues nues, ou emplumées. — Queue égale, étagée, ou arrondie. 3 sections.

Esp. Perroquet cendré. — Touit à tête rouge. — Perruche à collier, Buff.

25. ARA, *Macrocercus. Psittacus*, Linn. Gm. Lath.

Mandibule inférieure crénelée transversalement sur la pointe. —Tempes, ou seulement les joues nues.—Queue très-longue, étagée. 2 sections.

Esp. Ara rouge.—Perruche-Ara, Buff.

26. KAKATOÈS, *Plyctolophus. Psittacus*, Linn. Gm. Lath.

Mandibule supérieure dilatée sur les bords, quelquefois dentée vers le milieu; l'inférieure entière, ou crénelée transversalement sur la pointe. — Tête garnie d'une huppe mobile. — Joues nues ou emplumées. — Pennes secondaires souvent longues.—Rectrices égales. 2 sections.

Esp. Kakatoès noir, — à huppe rouge, Buff.

2.e FAMILLE.

MACROGLOSSES, *Macroglossi.*

Langue très-longue, lombriciforme.

27. PIC, *Picus*. Linn. Gm. Lath.

Bec emplumé à la base, polyèdre, terminé en forme de coin; quatre ou seulement trois doigts. 3 sections.

Esp. Pivert, Buff.—Pic plumipède, Vieill. Ois. de l'Am. sept.

28. TORCOL, *Yunx*. Linn. Gm. Lath.

Bec garni à la base de petites plumes, couchées en devant, longicône, arrondi en dessus, acuminé.

Esp. Torcol, Buff.

3.e FAMILLE.

AURÉOLES, *Aureoli.*

Bec plus long que la tête, quadrangulaire. — Doigts antérieurs réunis jusqu'au delà du milieu.

29. JACAMAR, *Galbula*, Briss. Lath. *Alcedo*, Linn. Gm.

Bec un peu grêle, entier, droit, ou incliné, pointu. 2 sect.

Esp. Jacamar vert, Buff.—Jacammaciri, Vieill. Ois. dorés.

4.e FAMILLE.

PTÉROGLOSSES, *Pteroglossi.*

Bec très-grand, très-gros à la base. — Langue en forme

de plume. — Doigts antérieurs réunis jusqu'au-delà du milieu.

30. Toucan, *Ramphastos*, Linn. Gm. Lath.

Bec plus, ou moins épais à la base que la tête, convexe en dessus, cellulaire, crénelé sur les bords; mandibules courbées en en bas vers le bout. 2 sections.

Esp. Toucan à gorge jaune.—Aracari, Buff.

** Doigt externe-postérieur versatile.

5.e FAMILLE.

BARBUS, *Barbati*.

Bec cilié à la base, de forme variée.

31. Couroucou, *Trogon*, Linn. Gm. Lath.

Bec garni de soies à la base, plus court que la tête, aussi haut que large, dentelé, crochu à la pointe.—Tarses demi-vêtus.

Esp. Couroucou à ventre rouge, Buff.

32. Barbican, *Pogonia*. *Bucco*, Gm. Lath.

Bec garni de longues soies à la base, médiocre, épais; mandibule supérieure canelée longitudinalement, bidentée; l'inférieure sillonnée transversalement.

Esp. Barbican de Barbarie, Buff.

33. Barbu, *Bucco*. Linn. Gm. Lath.

Bec garni de soies à la base, comprimé latéralement, épais, convexe en dessus; mandibule supérieure échancrée et crochue vers le bout, quelquefois fourchue sur la pointe, ou dentée vers le milieu. 3 sections.

Esp. Barbu tamatia,—à gorge jaune, Buff.

34. Cabézon, *Capito*. *Bucco*, Linn. Gm. Lath.

Bec garni à la base de soies divergentes, comprimé latéralement, entier, conico-convexe, incliné vers le bout.

Esp. Tamatia à tête et gorge rouges, Buff.

35. Monase, *Monasa*. *Cuculus*, Gm. *Bucco*, Lath.

Bec garni de soies à la base, plus long que la tête, comprimé par les côtés, entier; mandibules courbées en en bas.

Esp. Coucou noir de Cayenne, Buff.

36. Malkoha, *Phœnicophaus*. *Cuculus*, Gm. Lath.

Bec plus long que la tête, épais et garni de soies divergentes à la base, arrondi, lisse, arqué, atténué à la pointe.—Orbites mamelonnées.

Esp. Cuculus Pyrrhocephalus, Gm. Lath.

6e. FAMILLE.

IMBERBES, *Imberbi*.

Bec glabre à la base, arqué ou seulement crochu à la pointe.

37. Tacco, *Saurothera. Cuculus*, Linn. Gm. Lath.
Bec plus long que la tête, lisse, comprimé par les côtés; convexe en dessus; mandibule supérieure dentelée et courbée vers le bout.—Orbites nues.
Esp. Coucou à long bec, Buff.

38. Scythrops, *Scythrops*, Lath.
Bec plus long que la tête, convexe en dessus, entier, comprimé latéralement, crochu à la pointe. — Mandibule supérieure sillonnée.—Orbites nues.
Esp. Scythrops Novæ Hollandiæ, Lath.

39. Vouroudriou, *Leptosomus. Cuculus*, Lin. Gm. Lath.
Bec plus long que la tête, comprimé par les cotés, un peu trigone, rétréci en dessus, échancré et crochu à la pointe.
Esp. Vouroudriou de Madagascar, Buff.

40. Coulicou, *Coccyzus. Cuculus*, Linn. Gm. Lath.
Bec alongé, épais à la base, long, entier, convexe en dessus, arqué, comprimé par les côtés. — Tarses plus longs que le doigt le plus long.—Ailes courtes, arrondies.
Esp. Coucou de la Caroline, Buff.

41. Coucou, *Cuculus*, Linn. Gm. Lath.
Bec médiocre, lisse, arrondi, entier, un peu fléchi en arc. —Tarses plus courts que le doigt le plus long. —Ailes longues, pointues.
Esp. Coucou, Buff.

42. Indicateur, *Indicator. Cuculus*, Linn. Gm. Lath.
Bec plus court que la tête, entier, un peu fléchi en arc, dilaté à la base, un peu rétréci vers le bout; mandibule inférieure retroussée à la pointe.
Esp. Coucou indicateur, Buff.

43. Toulou, *Corydonyx. Cuculus*, Linn. Gm. Lath.
Bec médiocre, caréné en dessus, entier, très-comprimé, arqué du milieu à la pointe.—Ongle du pouce long, presque droit, subulé.
Esp. Coucou de Madagascar, Buff.

44. Ani, *Crotophaga*. Linn. Gm. Lath. *Cuculus*, Lath.
Bec lisse ou ridé, entier, comprimé par les côtés, anguleux sur les bords, caréné en dessus. 2 sections.
Esp. Ani—Guiracantara, Buff.

*** Trois doigts devant; l'externe versatile.

7.e Famille.

FRUGIVORES, *Frugivori.*

Bec plus court que la tête, dentelé. — Doigts antérieurs unis à la base par une membrane.

45. MUSOPHAGE, *Musophaga*. Lath.

Bec nu et large à la base, épais, très-comprimé vers le bout, caréné en dessus, incliné à la pointe; mandibule supérieure quelquefois prolongée sur le front. 2 sections.

Esp. Musophaga Violacea.—Phasianus Africanus (*femina*) Lath. (C) mâle.

46. TOURACO, *Opœthus*. *Cuculus*, Linn. Gm. Lath.

Bec emplumé à la base, convexe en dessus, un peu fléchi en arc, comprimé latéralement, dentelé du milieu à la pointe.

Esp. Touraco, Buff.

2.e TRIBU.

ANISODACTYLES, *ANISODACTYLI*.

Trois doigts devant; l'externe toujours dirigé en avant; le pouce quelquefois versatile.

8.e FAMILLE.

GRANIVORES, *GRANIVORI*.

Bec brevicône, épais, ou grêle, quelquefois croisé, rarement dentelé; mandibule supérieure droite, ou fléchie à la pointe, couvrant plus ou moins à la base les bords de l'inférieure (1).

47. PHYTOTOME, *Phytotoma*, Lath. *Loxia*, Gm.

Bec épais, robuste, droit, finement dentelé. — Trois, ou quatre doigts. 2 sections.

Esp. Phytotoma rara, Lath. — Guissobalito, Buff.

48. COLIOU, *Colius*, Linn. Gm. Lath.

Bec épais à la base, convexe en dessus, un peu aplati en dessous, entier, fléchi à la pointe.—Doigts totalement séparés; le pouce versatile.

Esp. Coliou huppé, Buff.

49. KRINIS ou BEC-CROISÉ, *Loxia*, Linn. Gm. Lath.

Bec épais, comprimé latéralement, croisé; mandibules crochues en sens inverse.

Esp. Bec-Croisé, Buff.

50. DUR-BEC, *Strobilophaga*. *Loxia*, Linn. Gm. Lath.

Bec convexe en dessus, robuste, entier, épais, courbé vers le bout; mandibule inférieure obtuse.

Esp. Dur-bec, Buff.

51. BOUVREUIL, *Pyrrhula*, Briss. *Loxia*, Linn. Gm. Lath.

Bec fort, épais, convexe en dessus et en dessous, arrondi

(1) *Exception*. Les bruans de cette ornithologie.

ou comprimé latéralement; mandibule inférieure un peu relevée à la pointe; la supérieure quelquefois crénelée dans le milieu, creuse en dedans, à palais lisse, et courbée vers le bout. 3 sections.

Esp. Bouvreuil du Mexique, Buff. — à gorge orangée, Vieill. Oiseaux de l'Amérique septentrionale.

52. Gros-bec, *Coccothraustes*, Briss. *Loxia*, Lin. Gm. Lath.

Bec robuste, bombé, épais; mandibule supérieure droite, ou inclinée à la pointe, entière, ou munie vers le milieu d'une dent obtuse, creusée et garnie de stries longitudinales à l'intérieur, au niveau du front chez les uns, plus haute à la base chez les autres, quelquefois cizelée, près du capistrum, chez d'autres. 5 sections.

Esp. Gros-bec d'Europe.—Bouveron.—Padda.—Grivelin.—Gros-bec à gorge blanche, Buff.

53. Fringille, *Fringilla*, Linn. Gm. Lath.

Bec moins large que la tête, entier, épais, ou grêle, à bords droits, ovale, ou parfaitement conique; mandibule supérieure droite, ou inclinée vers le bout, aiguë, ou un peu épaisse à la pointe, creuse et striée longitudinalement à l'intérieur. 7 sections.

Esp. Serin des Canaries.—Soulcie.—Moineau.—Pinson.—Linotte.—Veuve dominicaine.—Chardonneret, Buff.

54. Sizerin, *Linaria. Fringilla*, Linn. Gm. Lath.

Bec très-court, couvert à la base de petites plumes décomposées et dirigées en avant, droit, grêle et aigu à la pointe.—Mandibule inférieure à bords bidentés vers l'origine.

Esp. Sizerin, Buff.

55. Passerine, *Passerina. Fringilla*, *Emberiza*, Linn. Gm. Lath.

Bec entier, moins large que la tête, un peu fort, droit, rétréci vers le bout, à bords inférieurs, quelquefois, les supérieurs fléchis en dedans, à ouverture dirigée obliquement et en en bas; mandibule supérieure à palais aplati, épais, lisse. — Ongle postérieur quelquefois plus long que le pouce, un peu crochu, ou droit et subulé. 3 sections.

Esp. Ministre.—Ortolan de riz,—de neige, Buff.

56. Bruant, *Emberiza*, Linn. Gm. Lath.

Bec entier, un peu comprimé latéralement, à ouverture oblique et dirigée en en bas.—Mandibule inférieure à bords fléchis en dedans et rétrécis; la supérieure plus étroite, un peu creusée à l'intérieur et munie d'un tubercule osseux, ou longitudinal et saillant, ou arrondi et très-petit. 2 sections.

Esp. Proyer. — Ortolan, Buff.

9.e FAMILLE.

ÆGITHALES, *Ægithali*.

Bec court, emplumé à la base, ou cilié sur les angles, à pointe épaisse, ou grêle, quelquefois échancrée.

57. MÉSANGE, *Parus*, Linn. Gm. Lath.

Bec garni à la base de petites plumes dirigées en avant, entier, un peu robuste, un peu comprimé par les côtés, ou presque ovale, quelquefois très-grêle et très-aigu; mandibule supérieure droite, inclinée; l'inférieure à pointe arrondie ou aiguë. 4 sections.

Esp. Mésange Charbonnière. — A longue queue — Moustache. — Remiz, Buff.

58. MÉGISTINE, *Megistina. Parus*, Linn. Gm. Lath.

Bec un peu robuste, glabre à la base, un peu comprimé latéralement, convexe en dessus, entier, courbé à la pointe. — Narines découvertes.

Esp. Parus ignotus, Gm. Lath.

59. TYRANNEAU, *Tyrannulus. Motacilla*, Linn. Gm.

Bec très-court, un peu grêle, convexe en dessus, entier, incliné à la pointe. — 1.re à 4.e rémiges les plus longues.

Esp. Roitelet-Mésange, Buff.

60. PARDALOTE, *Pardalotus. Pipra*, Lath.

Bec très-court, un peu robuste, à base dilatée sur les bords, entier, conoïde, épais à la pointe; mandibule supérieure un peu arquée; l'inférieure convexe en dessous.

Esp. Pipra punctata, Lath.

61. MANAKIN, *Pipra*, Linn. Gm. Lath.

Bec conoïde, trigone à la base, comprimé par les côtés vers le bout, échancré et courbé à la pointe; mandibule inférieure retroussée à l'extrémité. — Doigts extérieurs réunis jusqu'au delà du milieu.

Esp. Manakin orangé, Buff.

10.e FAMILLE.

PÉRICALLES, *Pericalles*.

Bec conico-convexe, échancré, courbé ou seulement incliné à la pointe, court, ou médiocre.

62. PHIBALURE, *Phibalura*.

Bec très-court, épais, robuste, conico-convexe; mandibule supérieure un peu arquée, échancrée. — Queue grêle, très-longue, fourchue.

Esp. nouv. (D)

63. Viréon, *Vireo. Muscicapa, Tanagra*, Lin. Gm. Lath.
Bec court, un peu fort, un peu comprimé par les côtés, échancré et courbé vers le bout; mandibule inférieure rétrécie sur les bords, retroussée à la pointe.

Esp. Muscicapa Noveboracensis.—Tanagra olivacea, Gm.

64. Némosie, *Nemosia. Tanagra*, Linn. Gm.
Bec conico-convexe, un peu robuste, un peu comprimé par les côtés, échancré et incliné vers le bout; mandibule supérieure couvrant les bords de l'inférieure.

Esp. Tangara à coëffe noire, Buff.

65. Tangara, *Tanagra*, Linn. Gm. Lath.
Bec un peu trigone à la base, caréné en dessus, à bords courbés en dedans, échancré, rétréci et incliné vers le bout; mandibule supérieure couvrant les bords de l'inférieure seulement à la base. 2 sections.

Esp. Tangara nègre.—Evêque, Buff.

66. Habia, de Azara. *Saltator. Tanagra*, Lin. Gm. Lath.
Bec épais à la base, court, robuste, convexe en dessus, un peu comprimé par les côtés, échancré vers le bout; mandibule supérieure un peu fléchie en arc et couvrant les bords de l'inférieure.

Esp. Grand Tangara, Buff.

67. Arremon, *Arremon. Tanagra*, Linn. Gm. Lath.
Bec médiocre un peu fort, conico-convexe, à bords courbés en dedans, échancré et fléchi à la pointe.—Premiere remige plus courte que la septième.

Esp. Oiseau silencieux, Buff.

68. Touit, *Pipilo. Emberiza*, Linn. Gm. Lath.
Bec épais à la base, robuste, convexe en dessus, échancré et courbé à la pointe; mandibule supérieure couvrant les bords de l'inférieure qui sont fléchis en dedans.—Ailes courtes.

Esp. Pinson aux yeux rouges, Buff.

69. Jacapa, *Ramphopis. Tanagra*, Linn. Gm. Lath.
Bec robuste, convexe en dessus, comprimé, épais, échancré et incliné à la pointe; mandibule inférieure dilatée transversalement à la base et prolongée jusqu'aux yeux.

Esp. Bec-d'argent, Buff.

70. Pyranga, *Pyranga. Tanagra*, Linn. Gm. Lath.
Bec robuste, épais, un peu dilaté à la base, convexe en dessus et en dessous, échancré et fléchi à la pointe; mandibule supérieure couvrant les bords de l'inférieure.

Esp. Tangara du Canada, Buff.

71. Tachyphone, *Tachyphonus. Tangara, Oriolus*, Linn. Gm. Lath.

Bec droit, longicône, convexe en dessus, fort, un peu comprimé latéralement et échancré vers le bout. — Première et septième remiges égales.

Esp. Tangara noir, mâle, Buff.

II.e FAMILLE.

TISSERANDS, *Textores.*

Bec à base nue et prolongée dans les plumes du front, conique, comprimé vers le bout, pointu, entier, ou échancré. — Pouce épais.

72. Loriot, *Oriolus*, Linn. Gm. Lath.

Bec un peu déprimé à la base, médiocre, conico-convexe, comprimé sur les côtés, échancré et incliné vers le bout; mand. infér. retroussée, aiguë et entaillée à la pointe.

Esp. Loriot, Buff.

73. Malimbe, *Sycobius.*

Bec fort, longicône, convexe en dessus, un peu comprimé par les côtés, entier, courbé vers le bout; mandibule inférieure à bords fléchis en dedans.—Ailes à penne bâtarde.

Esp. Malimbe huppé, Vieill. Oiseaux chanteurs.

74. Ictérie, *Icteria. Muscicapa*, Linn. Gm. Lath.

Bec un peu fort, longicône, convexe en dessus, entier, un peu incliné en arc; mandibules à bords fléchis en dedans.

Esp. Muscicapa viridis, Gm.

75. Carouge, *Pendulinus. Oriolus*, Linn. Gm. Lath.

Bec un peu grêle, arrondi, longicône, entier, un peu fléchi, à bords inclinés en dedans, un peu épais, ou aigu à l'extrémité; mandibule supérieure prolongée en pointe dans les plumes du front. 2 sections.

Esp. Oriolus Spurius (*femina*).—Ferrugineus, Gm.

76. Baltimore, *Yphantes. Oriolus*, Linn. Gm. Lath.

Bec droit, polyèdre, entier, un peu grêle, acuminé; mand. sup. prolongée en pointe dans les plumes du front.

Esp. Baltimore franc, Buff.—Spurius (*mas.*), Gm. Lath.

77. Troupiale, *Agelaius. Oriolus*, Linn. Gm. Lath.

Bec épais à la base, convexe en dessus, entier, robuste, longicône, droit, à bords droits, ou fléchis en dedans, acuminé; mandibule supérieure prolongée en pointe sur le front, quelquefois concave à la base, près du capistrum. 3 sections.

Esp. Troupiale commandeur.—De Cayenne.—Cap-More, Buff.

78. Cassique, *Cassicus. Oriolus*, Linn. Gm. Lath.

Bec plus long que la tête, droit, entier, longicône, convexe en dessus, robuste, pointu; mandibule supérieure à base gibbeuse, prolongée et arrondie dans les plumes du front.

Esp. Cassique huppé, Buff.

12.ᵉ FAMILLE.

LEIMONITES, *Leimonites*.

Bec droit, très-entier, à pointe obtuse, ou un peu aplatie, ou renflée.

79. Stournelle, *Sturnella. Sturnus*, Linn. Gm. Lath.

Bec droit, entier, convexe en dessus, obtus et dilaté à la pointe; mandibule supérieure à base prolongée et arrondie dans les plumes du front. — Pouce plus fort et plus long que les doigts latéraux.

Esp. Stourne, ou Merle à fer-à-cheval, Buff.

80. Etourneau, *Sturnus*, Linn. Gm. Lath.

Bec droit, tendu, entier, un peu déprimé, à pointe obtuse et un peu aplatie; mandibule supérieure un peu évasée sur les bords. — Pouce et doigt externe égaux.

Esp. Etourneau, Buff.

81. Pique-boeuf, *Buphaga*, Linn. Gm. Lath.

Bec droit, entier, presque quadrangulaire, un peu comprimé, obtus et renflé dessus et dessous à la pointe.

Esp. Pique-bœuf, Buff.

13ᵉ. FAMILLE.

CARONCULÉS, *Carunculati*.

Tête, ou mandibule inférieure caronculée.

82. Glaucope, *Callæas*, Lath. *Glaucopis*, Gm.

Bec voûté, épais, entier, courbé vers le bout; mandibule supérieure couvrant les bords de l'inférieure, laquelle est garnie de fanons caronculés et pendans.

Esp. Callæas, cinerea, Lath.

83. Dilophe, *Dilophus. Gracula*, Linn. Gm. *Sturnus*, Lath.

Bec droit, un peu grêle, entier, très-comprimé latéralement, fléchi à la pointe. — Tête garnie de deux crêtes charnues.

Esp. Gracula carunculata, Gm. — Sturnus gallinaceus, Lath.

84. Créadion, *Creadion. Sturnus*, *Merops*, Gm. et *Corvus*, Lath.

Bec fléchi en arc, comprimé, entier, étroit ou un peu déprimé à la pointe; mandibule inférieure, ou tête caronculée. 2 sections.

Esp. Sturnus caruncalatus. — Merops carunculatus. — Corvus paradoxus, Lath.

85. Mainate, *Gracula*, Linn. Gm. Lath.

Bec robuste, convexe en dessus, un peu arqué, échancré, et courbé à la pointe; mandibule inférieure comprimée. — Tête caronculée.

Esp. Mainate des Indes orientales, Buff.

14.e famille.

MANUCODIATES, *Paradisei.*

Bec emplumé à la base, échancré, fléchi à la pointe. — Plumes hypochondriales, ou cervicales, longues et de diverses formes.

86. Sifilet, *Parotia. Paradisea*, Linn. Gm. Lath.

Bec garni de plumes courtes jusqu'au-delà du milieu, grêle, comprimé latéralement, tendu, échancré et fléchi à la pointe. — Plumes hypochondriales, longues, larges, décomposées.

Esp. Sifilet, Buff.

87. Lophorine, *Lophorina. Paradisea*, Linn. Gm. Lath.

Bec garni jusqu'au-delà du milieu de plumes alongées, très-comprimé latéralement, étroit en dessus, grêle, droit, échancré et fléchi à la pointe. — Plumes du cou longues et disposées en forme d'aile.

Esp. Le Superbe, Buff.

88. Manucode, *Cicinnurus. Paradisea*, Lin. Gm. Lath.

Bec garni à la base de petites plumes dirigées en avant, grêle, convexe en dessus, un peu comprimé par les côtés, finement entaillé et fléchi vers le bout. — Plumes hypochondriales, larges, alongées, tronquées.

Esp. Manucode, Buff.

89. Samalie, *Paradisea*, Linn. Gm. Lath.

Bec robuste, convexe en dessus, garni à la base de plumes veloutées, droit, comprimé latéralement, entaillé vers le bout. — Plumes hypochondriales, très-longues, flexibles, décomposées, ou plumes cervicales, médiocres, roides. 2 sect.

Esp. Oiseau de Paradis. — Le Magnifique, Buff.

Nota. Le caractère des plumes cerv. et hypoch. n'est convenable qu'aux mâles.

15.e famille.

CORACES, *Coraces.*

Bec en couteau, robuste, entier, ou échancré. — Pouce épais.

90. Corbeau, *Corvus*, Linn. Gm. Lath.

Bec glabre à la base, ou garni de plumes sétacées dirigées en avant, épais, convexe en dessus, comprimé latéralement, à bords tranchans, droit, ou fléchi en arc, entier, ou échancré vers le bout.—Queue égale, ou arrondie. 3 sect.

Esp. Corbeau.—Freux, Buff. — Vautourin, Le Vaill.

91. Pie, *Pica*, Briss. *Corvus*, Linn. Gm. Lath.

Bec garni à la base de plumes sétacées, couchées en avant, entier, à bords tranchans, droit, ou fléchi en arc. — Queue très-longue, étagée. 2 sections.

Esp. Pie, Buffon. — Pie à ventre roux, *esp. nouv.* (E)

92. Geai, *Garrulus*, Briss. *Corvus*, Linn. Gm. Lath.

Bec médiocre, garni à la base de plumes dirigées en avant, droit, incliné et à échancrures usées vers le bout, à bords tranchans. — Queue égale, quelquefois arrondie.

Esp. Geai d'Europe. — Geai bleu du Canada, Buff.

93. Cassenoix, *Nucifraga*, Briss. *Corvus*, Linn. Gm. Lath.

Bec couvert à la base de plumes sétacées, dirigées en avant, épais, entier, à bords tranchans, un peu tronqué; mandibule supérieure un peu plus longue que l'inférieure.

Esp. Cassenoix, Buff.

94. Coracias, *Coracia*, Briss. *Corvus*, Linn. Gm. Lath.

Bec plus long que la tête, garni à la base de plumes courtes, couchées en avant, entier, un peu grêle, arrondi, fléchi en arc, pointu.

Esp. Coracias, Buff.

95. Choquard, *Pyrrhocorax. Corvus*, Linn. Gm. Lath.

Bec garni à la base de petites plumes dirigées en devant, droit, médiocre, subulé, convexe en dessus, un peu grêle, à échancrures usées et courbé vers le bout.

Esp. Choucas des Alpes, Buff.

96. Temia, *Crypsirina. Corvus*, Lath.

Bec médiocre, garni à la base de plumes veloutées, un peu comprimé par les côtés, convexe en dessus, fléchi en arc, entaillé vers le bout. — Queue très-longue, étagée. — Narines invisibles.

Esp. Corvus Varians, Lath.

97. Astrapie, *Astrapia. Paradisea*, Gm. Lath.

Bec glabre à la base, comprimé latéralement, étroit en dessus, pointu, entaillé et fléchi vers le bout. — Queue très-longue, très-étagée.

Esp. Paradisea nigra, Gm. Lath.

98. Quiscale, *Quiscalus. Gracula, Corvus*, Lin. Gm. Lath.

Bec glabre et comprimé à la base, droit, entier, à bords

anguleux et fléchis en dedans, incliné vers le bout; mandibule supérieure prolongée en pointe dans les plumes du front.

Esp. Gracula quiscala et Corvus mexicanus, Lin. Gm. Lath.

99. Cassican, *Cracticus. Paradisea, Corvus*, Linn. Gm. Lath.

Bec droit et glabre à la base, alongé, fléchi à la pointe; mandibules échancrées vers le bout; la supérieure prolongée et arrondie dans les plumes du front.

Esp. Cassican. — Calybé, Buff.

100. Rollier, *Galgulus*, Briss. *Coracias*, Lin. Gm. Lath.

Bec médiocre, glabre à la base, plus haut que large, robuste, mandibule supérieure crochue vers le bout. — Narines linéaires, obliques.

Esp. Rollier d'Europe, Buff.

16.ᵉ famille.

BACCIVORES, *Baccivori.*

Bec très-fendu, dilaté à la base, un peu caréné en dessus, robuste, entier, ou échancré.

101. Rolle, *Eurystomus. Coracias*, Linn. Gm. Lath.

Bec glabre et très-déprimé à la base, épais, convexe en dessus, courbé à la pointe. — Bouche très-ample. — Narines linéaires obliques.

Esp. Rolle des Indes, Buff.

102. Coracine, *Coracina. Corvus*, Linn. Gm. Lath.

Bec glabre, ou emplumé, ou cilié à la base, épais, rétréci à la pointe, déprimé, anguleux en dessus, courbé vers le bout, entier ou échancré; mandibule inférieure un peu aplatie en dessous. 4 sections.

Esp. Col-nud. — Choucari. — Choucas chauve, Buff. Céphaloptère, Geoffroy, Annales du muséum.

103. Piauhau, *Querula. Muscicapa*, Linn. Gm. Lath.

Bec garni à la base de soies et de plumes dirigées en avant, très-déprimé, trigone, convexe dessus et dessous, échancré et crochu vers le bout; mandibule inférieure à pointe retroussée, très-grêle, très-aiguë.

Esp. Piauhau, Buff.

104. Jaseur, *Bombycilla*, Briss. *Ampelis*, Lin. Gm. Lath.

Bec court, un peu déprimé et trigone à la base, convexe en dessus, échancré et fléchi vers le bout; mandibule inférieure comprimée, entaillée et retroussée à la pointe. — Narines ovales, couvertes de petites plumes tournées en devant.

Esp. Jaseur, Buff.

105. Cotinga, *Ampelis*, Linn. Gm. et *Coracias*, Lath.

Bec nu, ou garni de plumes et un peu trigone à la base, médiocre, un peu caréné en dessus, rétréci, échancré et courbé vers le bout; mandibule inférieure un peu aplatie en dessous, aiguë et retroussée à la pointe.—Doigts extérieurs réunis presque jusqu'au milieu.—Bouche très-ample.

Esp. Cotinga, Buff. — Coracias militaris, Lath.

106. Tersine, *Tersa. Ampelis*, Linn. Gm. Lath.

Bec court, très-déprimé à la base, un peu caréné en dessus, triangulaire, à bords fléchis en dedans, rétréci, incliné et échancré vers le bout; mandibule inférieure plate en dessous, retroussée et aiguë à la pointe. — Première remige la plus longue.

Esp. Tersine, Buff.

17e. FAMILLE.

CHÉLIDONS, *Chelidones*.

Bec petit, très-fendu, déprimé à la base, échancré à la pointe. — Ailes très-longues. — Pieds courts.

107. Hirondelle, *Hirundo*, Linn. Gm. Lath.

Bec glabre à la base, presque triangulaire, comprimé et étroit vers le bout; mandibule inférieure droite à la pointe. — Pouce dirigé en arrière.—Rectrices 10 ou 12. 2 sections.

Esp. Hirondelle de la Caroline, — de cheminée, Buff.

108. Martinet, *Cipselus*, *Hirundo*, Linn. Gm. Lath.

Bec glabre à la base, triangulaire, étroit et comprimé vers le bout; mandibule inférieure à pointe retroussée. — Doigts totalement séparés; pouce dirigé en avant.

Esp. Martinet, Buffon.

109. Engoulevent, *Caprimulgus*, Linn. Gm. Lath.

Bec très-déprimé et garni à la base de soies divergentes, comprimé et crochu vers le bout; mandibule inférieure retroussée à la pointe. — Doigts antérieurs réunis à l'origine par une petite membrane; latéraux égaux; pouce grêle, versatile.

Esp. Engoulevent d'Europe, Buff.

110. Ibijau, *Nyctibius. Caprimulgus*, Linn. Gm. Lath.

Bec très-dilaté et garni de soies à la base, rétréci et crochu à la pointe; mandibule supérieure munie sur les côtés, vers son origine, d'une dent obtuse; l'inférieure plus large, à bords recourbés en dehors. — Doigts antérieurs unis à l'origine par une petite membrane; latéraux inégaux; pouce épaté.

Esp. Grand Engoulevent de Cayenne, Buff.

18.e FAMILLE.

MYIOTHÈRES, *Myiotheres.*

Bec dilaté, au moins, à la base et courbé vers le bout, ou aplati, droit et obtus. — Ailes et pieds médiocres.

111. PLATYRHYNQUE, *Platyrhynchos. Todus.* Gm. Lath.

Bec garni à la base de soies dirigées en avant, large, très-déprimé, caréné en dessus, crochu à la pointe.

Esp. Todus platyrhynchos, Gm.

112. TODIER, *Todus*, Linn. Gm. Lath.

Bec glabre à la base, droit, aplati dessus et dessous, obtus. — Bouche ample, ciliée. 2 sections.

Esp. Todier de l'Amér. septentrionale. —Tictic, Buff.

113. CONOPOPHAGE, *Conopophaga. Pipra*, *Turdus*, Gm. Lath.

Bec nu à la base, droit, tendu, déprimé sur toute sa longueur, un peu caréné en dessus, échancré et courbé vers le bout; mandibule inférieure plate en dessous.

Esp. Fourmillier à ailes blanches, — tacheté, Buff.

114. GALLITE, *Alectrurus.*

Bec glabre et déprimé à la base, conico-convexe, crochu à la pointe; mandibule inférieure droite. — Queue comprimée, susceptible de rester relevée.

Esp. nouvelles. (F)

115. ECHENILLEUR (Le Vaillant). *Campephaga.*

Bec court, un peu fléchi en arc, échancré et courbé à la pointe. —Bouche ample. —Doigts extérieurs réunis presque jusqu'au milieu.

Esp. Echenilleur noir, Le Vaill.

116. MOUCHEROLLE, *Muscicapa*, Lin. Gm. et *Todus*, ibid.

Bec déprimé, un peu trigone et garni de soies à la base, grêle, subulé, échancré et courbé vers le bout; mandibule inférieure un peu aplatie en dessous, droite à la pointe. 2 sections.

Esp. Gobe-Mouche gris, Buff. —Todus leucocephalus, Lath.

117. TYRAN, *Tyrannus. Muscipa*, *Lanius*, Lin. Gm. Lath.

Bec robuste, garni de soies à la base, déprimé dans toute sa longueur, convexe en dessus, échancré et crochu vers le bout; mandibule inférieure un peu plate en dessous, aiguë et retroussée à la pointe. 3 sections.

Esp. Bentaveo. —Moucherolle à huppe verte, Buff. — Tyran pepoaza, *esp. nouv.* (G)

118. BÉCARDE, *Tityra. Lanius*, Linn. Gm. Lath.

Bec glabre à la base, robuste, épais, droit, un peu déprimé, convexe dessus et dessous; mandibule inférieure entaillée, aiguë et retroussée à la pointe.—Bouche ample, ciliée.

Esp. Bécarde, Buff.

19.e FAMILLE.

COLLURIONS, *Colluriones.*

Bec convexe, comprimé par les côtés, échancré ou denté, le plus souvent crochu à la pointe. — Pouce grêle.

119. Collurie ou Pie-Grièche, *Lanius*, Lin. Gm. Lath.

Bec robuste, nu à la base, convexe en dessus; mandibule supérieure dentée et crochue vers le bout; l'inférieure aiguë et retroussée à la pointe. — Bouche ciliée. — Ailes à penne bâtarde; la deuxième, ou la troisième remige la plus longue.

Esp. Pie-Grièche grise, Buff.

120. Falconelle, *Falcunculus. Lanius*, Lath.

Bec court, robuste, très-comprimé, un peu fléchi en arc; mandibule supérieure dentée et crochue vers le bout; l'inférieure aiguë et retroussée à la pointe. — Première remige la plus longue.

Esp. Lanius frontatus, Lath.

121. Sparacte, *Sparactes.*

Bec médiocre, très-fort, garni de soies à la base, convexe en dessus; mandibule supérieure échancrée en forme de dent, et crochue à la pointe; l'inférieure entière, déprimée.

Esp. Bec-de-fer, Le Vaill.

122. Lanion, *Lanio. Tanagra*, Linn. Gm. Lath.

Bec robuste, comprimé latéralement, caréné en dessus, rétréci vers le bout; mandibule supérieure dentée vers le milieu, crochue à la pointe; l'inférieure échancrée, aiguë et retroussée à l'extrémité. — Bouche ciliée.

Esp. Tangara mordoré, Buffon.

123. Batara (de Azara), *Thamnophilus. Lanius*, *Turdus*, Lin. Gm. Lath.

Bec droit à la base, robuste, convexe en dessus, comprimé latéralement; mandibule supérieure échancrée, ou dentée, et crochue vers le bout; l'inférieure entaillée, aiguë et retroussée à la pointe. — Bouche ciliée. — Ailes courtes arrondies.

Esp. Pie-Grièche rayée.—Fourmillier huppé, Buff.

124. Pillurion, *Cissopis. Lanius*, Lath.

Bec court, robuste, bombé, un peu comprimé vers le bout; mandibule supérieure échancrée et courbée à la pointe. — Bouche ciliée. — Les troisième et quatrième remiges les plus longues.

Esp. Lanius leverianus, picatus, Lath.

125. Drongo, *Dicrurus. Lanius, Corvus,* Linn. Gm. Lath.

Bec couvert de soies à la base, robuste ; mandibule supérieure un peu carénée en dessus, échancrée et crochue vers le bout ; l'inférieure aiguë et retroussée à la pointe. — Queue fourchue. — Rectrices 10.

Esp. Balicasse. — Fingah. — Drongo, Buff.

126. Vanga, *Vanga. Lanius,* Linn. Gm. Lath.

Bec plus long que la tête, comprimé par les côtés, droit ; mandibule supérieure échancrée et crochue vers le bout ; l'inférieure retroussée et aiguë à la pointe. — Ailes à penne bâtarde ; la deuxième remige la plus longue.

Esp. Vanga, Buff.

127. Bagadais, *Prionops.*

Bec emplumé à la base, tendu, très-comprimé latéralement ; mandibule supérieure échancrée et crochue vers le bout ; l'inférieure retroussée et aiguë à la pointe. — Paupières dentelées.

Esp. Le Geoffroy, Le Vaill.

128. Gonolek, *Laniarius. Lanius,* Linn. Gm. Lath.

Bec nu à la base, un peu grêle, convexe en dessus, droit, comprimé ; mandibule supérieure échancrée et crochue vers le bout ; l'inférieure aiguë et retroussée à la pointe. — Bouche ciliée. — Ailes à penne bâtarde ; la deux^e^. remige la plus longue.

Esp. Gonolek, Buff.

129. Langraien, *Artamus. Lanius,* Linn. Gm. Lath.

Bec glabre à la base, très-lisse, longicône, un peu robuste, convexe en dessus, un peu comprimé latéralement vers la pointe ; mandibule supérieure un peu fléchie en arc, échancrée vers le bout ; l'inférieure aiguë et retroussée à l'extrémité. — Bouche ciliée. — Ailes sans penne bâtarde, alongées ; la première remige la plus longue.

Esp. Langraien, Buff.

20.e FAMILLE.

CHANTEURS, *Canori.*

Bec comprimé, le plus souvent échancré, rarement à bords finement dentelés, fléchi en arc, ou droit et courbé à la pointe. — Ongle postérieur quelquefois plus long que le pouce.

130. Merle, ou Grive, *Turdus,* Linn. Gm. Lath.

Bec aussi large que haut, glabre, ou emplumé à la base, presque droit, plus ou moins robuste, convexe en dessus, comprimé vers la pointe ; mandibule supérieure à palais creux et sillonné longitudinalement dans le milieu, entière, ou échancrée vers le bout ; l'inférieure droite. — Bouche ciliée. 2 sect.

Esp. Merle. — Draine, Buff. — L'Éclatant, Le Vaill.

131. Esclave, *Dulus. Tanagra*, Linn. Gm. Lath.

Bec nu à la base, un peu robuste, convexe en dessus, comprimé latéralement; mandibule supérieure un peu fléchie en arc, échancrée vers le bout; l'inférieure droite.

Esp. Tangara esclave, Buff.

132. Sphécothère, *Sphecotheres.*

Bec épais, droit et glabre à la base, robuste, convexe en dessus, fléchi vers la pointe de la mandibule supérieure. — Orbites nues. — Les prem. et deux. remiges les plus longues.

Esp. nouv. (H)

133. Martin, *Acridotheres. Paradisea, Gracula, Turdus*, Linn. Gm. Lath.

Bec droit, tendu, convexe en dessus, comprimé; mandibule supérieure, entière ou échancrée, un peu déprimée et inclinée vers le bout. — Tête en partie, ou seulement les orbites glabres. 2 sections.

Esp. Martin. — Merle-chauve, Buff. — Martin brame, Sonnerat.

134. Psaroïde, *Psaroïdos. Turdus*, Linn. Gm. Lath.

Bec entier, droit, un peu grêle, comprimé par les côtés, fléchi vers le bout, pointu; mandibules égales; la supérieure formant un angle pointu entre les plumes du front. — La première remige la plus longue.

Esp. Merle rose, Buff.

135. Gralline, *Grallina.*

Bec grêle, droit, un peu arrondi, alongé, convexe en dessus; mandibule supérieure courbée et échancrée à la pointe. — Tarses alongés. — Queue médiocre. — Ailes longues, arrondies. — Ongles antérieurs très-petits; le postérieur très-fort, très-crochu.

Esp. nouv. (I)

136. Aguassière, *Hydrobata. Sturnus*, Linn. Gm. Lath.

Bec emplumé et arrondi à la base, grêle, droit, caréné en dessus, un peu comprimé vers le bout, finement dentelé sur les bords, incliné à la pointe de sa partie supérieure. — Genoux nus. — Ailes et Queue courtes.

Esp. Merle d'eau, Buff.

137. Brève, *Pitta. Corvus*, Linn. Gm. Lath.

Bec robuste, un peu épais à la base, droit, convexe en dessus, comprimé, pointu; mandibule supérieure échancrée vers le bout; l'inférieure entière, égale. — Ailes longues. — Queue courte.

Esp. Brève, Buff.

138. GRALLARIE, *Grallaria. Turdus*, Linn. Gm. Lath.

Bec droit, un peu fort, épais, convexe en dessus, à dos caréné, comprimé par les côtés; mandibule supérieure échancrée et courbée à la pointe.—Jambes demi-nues.—Queue courte.

Esp. Roi des Fourmilliers, Buff.

139. MYRMOTHÈRE, ou FOURMILLIER, *Myrmothera. Turdus*, Linn. Gm. Lath.

Bec plus haut que large à la base, presque rond, un peu fort, convexe en dessus; mandibule supérieure échancrée et crochue vers le bout; l'inférieure entaillée, aiguë et retroussée à la pointe.—Queue courte.

Esp. Béfroi, et quelques autres fourmilliers de Buffon.

140. PÉGOT, *Accentor*, Meyer. *Motacilla, Sturnus*, Linn. Gm. Lath.

Bec plus large que haut à la base, droit, pointu, à bords recourbés en dedans; mandibule supérieure échancrée et un peu fléchie à la pointe. — Ailes médiocres, à penne bâtarde; la première remige plus longue que la cinquième, les deuxième et troisième, les plus longues.

Esp. Fauvette des Alpes, Buff. — Motacilla Alpina et Sturnus Collaris, Linn. Gm. Lath.

141. MOUCHET, *Prunella*, Gessner. *Motacilla*, Linn. Gm. *Sylvia*, Lath.

Bec fin, droit, subulé, aigu, à bords courbés en dedans; mandibules égales; la supérieure un peu inclinée et entaillée à la pointe.—Ailes courtes, à penne bâtarde; la première remige plus courte que la cinquième; la troisième la plus longue.

Esp. Fauvette de haie, Buff.

142. MOTTEUX, *Œnanthe. Motacilla*, Linn. *Silvia* et *Turdus*, Lath.

Bec plus haut que large à la base, droit, très-fendu; mandibule supérieure un peu obtuse, courbée et échancrée à la pointe; l'inférieure plus courte, droite, pointue.— Ailes à penne batarde; la deuxième remige la plus longue.

Esp. Motteux, Buff.— Turdus leucurus, Lath.

143. ALOUETTE, *Alauda*. Linn. Gm. Lath.

Bec un peu cylindrique, plus ou moins épais, garni à la base de petites plumes couchées en avant, entier, droit, ou arqué; mandibules égales, quelquefois un peu entr'ouvertes à l'origine. — 2 pennes secondaires longues, échancrées en forme de cœur sur la pointe. — Ongle postérieur souvent plus long que le doigt, droit ou presque droit, subulé. 4 sections.

Esp. Alouette commune. — Calandre. — Sirli, Buff. Calandrelle, Bonelli, mémoires de l'académie de Turin.

144. Pipi, *Anthus*, Meyer. *Alauda*, Linn. Gm. Lath.

Bec glabre à la base, grêle, droit, un peu cylindrique, à bords fléchis en dedans vers le milieu; mandibule supérieure échancrée vers le bout, un peu plus longue que l'inférieure. — Ongle postérieur, arqué, ou droit et plus long que le pouce.—Deux remiges secondaires longues, entières. 2 sect.

Esp. Alouette de buisson, Briss. — Farlouse, Buff.

145. Hoche-queue, *Motacilla*, Linn. Gm. Lath.

Bec grêle, cylindrique, droit; mandibule supérieure anguleuse entre les narines, entaillée vers le bout. — Une remige secondaire longue, entière.—Ongle postérieur arqué et plus court que le pouce, ou droit, subulé et aussi long que ce doigt. — Queue longue, égale. 2 sections.

Esp. Lavandière.—Bergeronnette de printemps, Buff.

146. Mérion, *Malurus. Silvia*, Lath. *Motacilla*, Lin. Gm.

Bec très-grêle, droit, entier, très-court. — Bouche ciliée. — Tarses très-minces. — Doigts extérieurs réunis jusqu'à la deuxième phalange. — Ailes très-courtes. — Queue très-longue, grêle.

Esp. Motacilla aut Sylvia, Cyanea, Gm. Lath.

147. Ægithine, *Ægithina. Motac.* aut *Silvia*, Gm. Lath.

Bec alongé, un peu robuste, plus ou moins fléchi en arc, cylindrique, échancré vers le bout de sa partie supérieure. — Ailes courtes.—La 1.re remige plus courte que les secondaires.

Esp. Fauvette leucoptère, Vieill. Ois. de l'Am. sept.

148. Fauvette, *Sylvia*. Lath. *Motacilla*, Linn. Gm.

Bec grêle, un peu déprimé, ou comprimé à la base, ensuite étroit, quelquefois un peu fléchi en arc, le plus souvent droit, entier, ou échancré, et plus ou moins incliné à la pointe; mandibule inférieure entière et droite. 2 sections.

Esp. Fauvette grisette. — Cheric, Buff.

149. Roitelet, *Regulus. Mot.* aut *Sylvia*, Lin. Gm. Lath.

Bec très-grêle, court, droit, un peu comprimé; mandibule supérieure finement entaillée vers le bout. — Narines couvertes par deux petites plumes décomposées, dirigées en avant.

Esp. Roitelet, Buff.

150. Troglodyte, *Troglodytes. Motacilla*, Linn. Gm. *Sylvia*, Lath.

Bec grêle, entier, droit, ou un peu courbé; mandibules égales. — Pouce court. — Ailes courtes, arrondies. — Queue susceptible de se tenir relevée. — 2 sections.

Esp. Troglodyte, Buff.—Trogl. ædon, Vieill. Ois. de l'Am.

21.e FAMILLE.

GRIMPEREAUX, *Anerpontes*.

Bec grêle, subulé, droit, ou arqué, très-aigu, ou terminé

en forme de coin, court, ou long.—Doigts inégaux et le pouce plus long que l'interne, ou égaux et le pouce le plus court de tous.

A. *Doigts extérieurs inégaux.*

151. THRIOTHORE, *Thriothorus. Mot.*, Linn. *Sylvia*, Lath.
Bec alongé, cylindrique, arqué, délié, entier; mandibules égales. — Pouce alongé et grêle. — Ailes courtes, arrondies. — Queue susceptible de rester relevée.
Esp. Troglodyte des roseaux, Vieill. Ois. de l'Am. sept.

152. MNIOTILTE, *Mniotilta. Motacilla*, Lin. *Sylvia*, Lath.
Bec court, grêle, droit, entier, comprimé; mandibules égales, aiguës. — Pouce grêle, alongé.
Esp. Figuier varié, Buff.

153. SITTINE, *Neops.*
Bec grêle, comprimé, entier, médiocre, droit, pointu; mandibule inférieure courbée en bas vers le milieu, ensuite retroussée, emboîtée sur les bords par la supérieure.—Doigts extérieurs unis jusqu'au-delà du milieu.
Esp. nouv. (K)

154. SITTELLE, *Sitta*, Linn. Gm. Lath.
Bec, glabre, ou couvert à la base de petites plumes dirigées en avant, droit, arrondi, ou comprimé, terminé en forme de coin. 2 sections.
Esp. Sittelle, Buff. — *Esp. nouv.* (L)

155. PYROTE, *Pyrrota. Tanagra*, Lin. Gm. Lath.
Bec médiocre, droit, entier, très-comprimé latéralement, à dos rétréci, fléchi vers le bout, pointu.—Doigts antérieurs soudés à la base.—Les troisième, quatrième et cinquième rémiges les plus longues.
Esp. Tangaroux, Buff. (Donné mal à propos pour la femelle du Tangara noir.)

156. PICCHION, *Petrodroma. Certhia*, Linn. Gm. Lath.
Bec plus long que la tête, triangulaire à la base, un peu courbe, arrondi, entier, pointu.—Ailes longues.
Esp. Grimpereau de muraille, Buff.

157. GRIMPEREAU, *Certhia.* Linn. Gm. Lath.
Bec médiocre, un peu trigone, comprimé par les côtés, grêle, fléchi en arc, aigu.—Ailes courtes.—Rectrices roides, un peu arquées, pointues.
Esp. Grimpereau, Buff.

B. *Doigts extérieurs égaux.*

158. PICUCULE, *Dendrocopus. Oriolus, Gracula*, Gm. Lath.

Bec long, ou médiocre, comprimé latéralement, un peu fort, convexe, droit, ou arqué, ou seulement courbé vers le bout, pointu. — Doigt postérieur le plus court de tous. — Rectrices roides, acuminées. 2 sections.

Esp. Picucule.—Talapiot, Buff.

22ᵉ. FAMILLE.

ANTHOMYSES, *Anthomysi.*

Bec grêle, droit, ou arqué, médiocre, ou long, quelquefois dentelé, très-aigu ou tubulé à la pointe. — Langue extensible, fibreuse.—Pouce grêle, plus court que le doigt interne.

159. Guit-guit, *Cœreba. Certhia*, Linn. Gm. Lath.

Bec alongé, ou médiocre, grêle, trigone, épais à la base, fléchi en arc, très-pointu; mandibule supérieure très-finement entaillée vers le bout.—Langue ciliée à la pointe.—Les première, deuxième et troisième remiges les plus longues.

Esp. Guit-guit, Buff.

160. Soui-manga, *Mellisuga. Certhia*, Linn. Gm. Lath.

Bec arqué, quelquefois droit, grêle, plus court, ou plus long que la tête, un peu trigone, très-aigu, entier, ou finement dentelé sur les bords. — Langue divisée en trois filets, du milieu à la pointe.—Ailes à penne batarde. 2 sections.

Esp. Soui-manga angala-dian, Buff. — à bec droit, Vieill. Oiseaux dorés.

161. Colibri, *Trochilus*, Linn. Gm. Lath.

Bec plus long que la tête, droit, ou arqué, garni à la base de petites plumes et déprimé en dessus, entier, ou dentelé, tubulé à l'extrémité; mandibule supérieure couvrant les bords de l'inférieure.—Langue divisée en deux filets, du milieu à la pointe. —Ailes très longues, étroites. —Les remiges secondaires très-courtes. 3 sections.

Esp. Colibri topaze.—Oiseau-Mouche huppé, Buff. Oiseau-Mouche à bec-en-scie. *Esp. nouv.* (M)

162. Heorotaire, *Melithreptus. Certhia*, Linn. Gm. Lath.

Bec arrondi à la base, entier, plus court, ou plus long que la tête, arqué en faucille, acuminé. — Langue ou divisée en 2 filets, ou ciliée à la pointe.—Les première et deuxième remiges les plus longues. 2 sections.

Esp. Heorotaire fuscalbin. — Hoho, Vieill. Ois. dorés.

23.ᵉ FAMILLE.

EPOPSIDES, *Epopsides.*

Bec plus court, ou plus long que la tête, glabre à la base,

arqué. — Langue médiocre, ou courte. — Pouce épaté.— Jambes totalement emplumées.

163. POLOCHION, *Philemon. Merops*, Linn. Gm. Lath.

Bec médiocre, ou long, un peu comprimé latéralement, pointu; mandibule supérieure échancrée vers le bout.—Langue terminée en pinceau.—Côtés de la tête quelquefois denués de plumes. 2 sections.

Esp. Polochion, Buff. — Merops cincinnatus, Lath. — —Herootaire gorruck, Vieill. Oiseaux dorés.

164. FOURNIER, *Furnarius. Merops*, Linn. Gm. Lath.

Bec plus court que la tête, aussi haut que large, comprimé latéralement, peu arqué, entier, pointu.—Langue médiocre, étroite, usée à la pointe.—Ailes foibles.

Esp. Fournillier, Buff.

165. PUPUT, *Upupa*, Linn. Gm. Lath.

Bec plus long que la tête, foiblement arqué, trigone à la base, convexe en dessus, un peu comprimé par les côtés, entier, presque obtus; mandibule supérieure la plus longue. —Langue très-courte, triquêtre, obtuse.—Dix rectrices.

Esp. Huppe, Buff.

166. PROMÉROPS, *Falcinellus. Upupa*, Linn. Gm. Lath.

Bec plus long que la tête, convexe en dessus, comprimé latéralement, arqué, acuminé; mandibule supérieure la plus longue. — Langue courte et pointue, ou médiocre et ciliée à l'extrémité. — Douze rectrices.

Esp. Promerops, Buff.

24.e FAMILLE.

PELMATODES, *Pelmatòdes.*

Bec plus long que la tête, quadrangulaire, droit ou courbé. —Jambes demi-nues.—Doigts extérieurs réunis jusqu'au-delà du milieu.

167. GUÊPIER, *Merops*, Linn. Gm. Lath.

Bec épais à la base, presque tétragone, entier, un peu fléchi en arc, subulé, acuminé.

Esp. Guêpier, Buff.

168. ALCYON ou MARTIN-PÊCHEUR, *Alcedo*, Linn. Gm. Lath.

Bec épais, comprimé par les côtés, tétragone, droit ou incliné à la pointe, à bords très-finement dentelés, pointu. — Quatre ou seulement 3 doigts. 2 sections.

Esp. Martin-pêcheur, Buff. —M.-P. de l'île de Luçon, Sonnerat.

25.e FAMILLE.

ANTRIADES, *Antriades.*

Bec médiocre, un peu voûté, crochu à la pointe.—Doigts extérieurs réunis jusqu'au-delà du milieu.

169. Rupicole, *Rupicola. Pipra*, Linn. Gm. Lath.
Bec robuste, convexe en dessus, comprimé vers le bout; mandibule supérieure échancrée, crochue vers la pointe; l'inférieure droite, aiguë.—Pouce alongé, épaté.—Ongle postérieur, fort, très-crochu.
Esp. Coq-de-Roche, Buff.

26.e FAMILLE.

PRIONOTES, *Prionoti.*

Bec plus long que la tête, dentelé ou crénelé. — Doigts extérieurs réunis jusqu'au-delà du milieu.

170. Momot, *Baryphonus. Ramphastos*, Linn. Gm. *Momotus*, Lath.
Bec épais, convexe en dessus; mandibules à bords dentelés, et courbées en en bas vers le bout.
Esp. Momot, Buff.

171. Calao, *Buceros.* Linn. Gm. Lath.
Bec très-gros, grand, cellulaire, arqué en forme de faux, crénelé inégalement, quelquefois entier, simple, ou casqué. 2 sections.
Esp. Calao des Moluques, — à bec noir, Buff.

27.e FAMILLE.

PORTE-LYRES, *Lyriferi.*

Bec droit, médiocre, conico-convexe, garni à la base de plumes sétacées dirigées en avant, pointu. — Tarses annelés. — Ongles longs, obtus.

172. Ménure, *Menura.* Lath.
Bec droit, un peu grêle, entier, incliné à la pointe de sa partie supérieure. — Ongles convexes en dessus, aussi larges qu'épais.
Esp. Parkinson, Vieill. Oiseaux dorés.

28e. FAMILLE.

OPHIOPHAGES, *Ophiophagæ.*

Bec poilu à la base, en partie dentelé, comprimé latéralement. — Pieds courts. — Tarses réticulés. — Ongles alongés, étroits, aigus.

173. Hoazin, *Orthocorys*. *Phasianus*, Linn. Gm. Lath.

Bec garni à la base de vibrisses divergentes, épais, robuste, comprimé latéralement, à bords dentelés vers l'origine, ensuite tranchans; mandibule supérieure arrondie en dessus, fléchie vers le bout; l'inférieure retroussée à la pointe.—Doigt intermédiaire plus long que le tarse.—Rectrices dix.

Esp. Hoazin, Buff.

29.e FAMILLE.

COLOMBINS, *Columbini*.

Bec garni à la base d'une membrane molle et gonflée, crochu ou seulement incliné à la pointe. — Tarses réticulés. — Doigts antérieurs réunis à la base par une petite membrane, ou totalement séparés.

174. Treron, *Treron*. *Columba*, Linn. Gm. Lath.

Bec un peu robuste, caréné en dessus, droit à la base, crochu vers le bout.—Ailes longues, pointues.

Esp. Columba curvirostra, Gm.

175. Pigeon, *Columba*, Linn. Gm. Lath.

Bec un peu grêle, presque droit, couvert à la base d'une membrane renflée sur chaque côté, étroite en devant.—Ailes longues et pointues, ou médiocres et arrondies. 2 sect.

Esp. Ramier.—Tourterelle de la Jamaïque, Buff.

176. Goura, *Lophyrus*. *Columba*, Linn. Gm. Lath.

Bec médiocre, un peu grêle, un peu gibbeux vers le bout; mandibule supérieure sillonnée sur les cotés, inclinée vers la pointe.—Narines situées dans une rainure.—Ailes arrondies.

Esp. Faisan couronné des Indes, Buff.

30.e FAMILLE.

ALECTRIDES, *Alectrides*.

Bec un peu voûté, un peu grêle; mandibule supérieure couvrant les bords de l'inférieure.—Gorge nue et caronculée ou seulement les joues glabres.—Tarses réticulés; doigts antérieurs réunis à la base par une membrane.

177. Marail, *Penelope*, Linn. Gm. Lath.

Bec nu à la base, médiocre, convexe en dessus, entier. — Tarse plus long que le doigt intermédiaire.—Ongles courbés, forts, comprimés, pointus.—Rectrices douze.

Esp. Marail, Buff.

3.e ORDRE.

GALLINACÉS, *Gallinacei*.

(*Gallinæ*, Linn. Lath.)

Pieds courts, ou médiocres, un peu robustes.—Jambes totalement garnies de plumes. — Tarses nus, ou emplumés —

Doigts calleux en dessous, 3–1, 3–0; pouce des tétradactyles articulé sur le tarse plus haut que les antérieurs, posant à terre sur le bout, ou n'y touchant pas.—Ongles courts, nullement rétractiles, un peu obtus chez la plupart, rarement comprimé, par les côtés, arqués et aigus.—Bec voûté; mandibule supérieure couvrant les bords de l'inférieure.

1.re FAMILLE.

NUDIPÈDES.

Tarses nus.

A. Quatre doigts, trois devant, un derrière.

* Doigts antérieurs unis à la base par une membrane.

178. Hocco, *Crax*. Lin. Gm. Lath.

Bec entouré à la base d'une membrane, quelquefois gibbeuse, épais, comprimé, caréné en dessus, courbé vers le bout.—Lorum nu.—Queue épanouie, inclinée.—Rectrices 14. — Pouce portant à terre sur la première phalange. 2 sect.

Esp. Hocco noir.—Pauxi, Buff.

Queue du mâle susceptible de rester relevée.

179. Dindon, *Meleagris*. Linn. Gm. Lath.

Bec garni d'une membrane à la base, convexe en dessus. — Caroncule frontale, conique, extensible.—Tête et cou mamelonnés.—Pouce portant à terre sur l'ongle.—Rectrices 18.

Esp. Dindon, Buff.

180. Paon, *Pavo*. Lin. Gm. Lath.

Bec glabre à la base, convexe en dessus, un peu épais, courbé vers le bout.—Joues en partie nues.—Rectrices 18.— Plumes du croupion très-longues, larges extensibles chez le mâle adulte.—Pouce n'appuyant que sur l'ongle.

Esp. Paon, Buff.

Queue large, longue, épanouie, oculée.

181. Eperonnier, *Diplectron. Pavo*, Linn. Gm. Lath.

Bec emplumé à la base, convexe en dessus, un peu épais, courbé vers le bout.—Orbites et joues nues.—Rectrices 16.— Tarses à double éperon.

Esp. Eperonnier, Buff.

Rectrices pendantes, longues, étagées.

182. Argus, *Argus. Phasianus*, Linn. Gm. Lath.

Bec nu à la base, convexe en dessus, épais, crochu vers le bout. — Face nue. — Rectrices du mâle adulte très-larges. — Pouce n'appuyant que sur l'ongle.

Esp. Phasianus argus, Gm.

183. Faisan, *Phasianus*. Linn. Gm. Lath.

Bec convexe en dessus, un peu épais, crochu vers le bout. —Rectrices 18.—Pouce n'appuyant que sur l'ongle.—Orbites et joues mammelonnées chez les uns, couvertes de plumes sétacées chez d'autres.—Tête quelquefois garnie de deux cornes mobiles, ou le front avec une caroncule arrondie et la gorge munie de deux membranes subulées. 3 sections.

Esp. Faisan commun, Buff. — Penelope satyra. — Phasianus superbus, Lath.

Queue verticale; dirigée en haut.

184. Coq, *Gallus. Phasianus*, Linn. Gm. Lath.

Bec nu à la base, convexe en dessus; mandibule inférieure garnie de deux caroncules pendantes, comprimées.— Tête surmontée d'une crête charnue ou d'un faisceau de plumes. —Rectrices 14.—Pouce n'appuyant que sur le bout. 2 sect.

Esp. Coq sauvage, Sonnerat. — Phasianus ignitus, Lath.

Queue courte, inclinée.

185. Monaul, *Monaulus. Phasianus*, Lath.

Bec nu à la base, un peu épais, convexe en dessus, très-crochu vers le bout.—Orbites caronculées.—Queue arrondie. —Rectrices 14.—Pouce n'appuyant que sur le bout.

Esp. Phasianus impejanus, Lath.

186. Peintade, *Numida*. Linn. Gm. Lath.

Bec garni à la base d'une membrane verruceuse, un peu épais, convexe en dessus; mandibule inférieure munie de deux fanons caronculés et pendans. —Tête casquée, ou huppée. —Pouce ne portant à terre que sur l'ongle. 2 sections.

Esp. Peintade, Buff. — Numida cristata, Lath.

187. Rouloul, *Liponyx. Columba*, Gm. *Columba* et *Perdix*, Lath.

Bec nu à la base, un peu épais, convexe en dessus, courbé vers le bout. — Orbites et lorum nus. — Pouce n'appuyant à terre que sur le bout, exonguiculé.

Esp. Rouloul, Sonnerat.

188. Tocro, *Odontophorus. Tetrao*, Linn. Gm. *Perdix*, Lath.

Bec nu à la base, convexe en dessus, très-comprimé, crochu vers le bout; mandibule inférieure bidentée près la pointe. —Orbites et lorum nus.—Queue arrondie.—Rectrices 12.

Esp. Tocro, Buff.

189. Perdrix, *Perdix*, Lath. *Tetrao*, Linn. Gm.

Bec nu à la base, épais ou grêle, convexe en dessus, courbé vers le bout.—Pouce n'appuyant à terre que sur l'ongle.—Rectrices au moins 12, au plus 18.—Place nue derrière l'œil, ou orbites mamelonnées, ou tête parfaitement emplumée. 4 sections.

Esp. Francolin.—Perdrix grise.—Caille de la Louisiane.—Caille d'europe, Buff.

** Doigts totalement séparés.

190. Tinamou, *Cryptura. Tetrao*, Linn. *Tinamus*, Lath.

Bec grêle, droit, un peu déprimé, arrondi, obtus à la pointe; mandibule supérieure élargie en dessus, fléchie vers le bout.—Talons nus.—Queue courte, ou nulle. 2 sections.

Esp. Tinamou magoua, Buff.—Guazu, de Azara, Ois. du Paraguai.

B. Trois doigts devant, unis à la base par une membrane.—Pouce nul.

191. Ortygode, *Ortygodes. Tetrao*, Lin. Gm. *Perdix*, Lath.

Bec grêle, emplumé, ou nu à la base, convexe en dessus, courbé vers le bout.—Queue très-courte, inclinée.—Rectrices 10. 2 sections.

Esp. Caille de Madagascar, Buff. *Esp. nouv.* (N)

2.e FAMILLE.

PLUMIPÈDES, *Plumipedes.*

Tarses couverts de plumes en tout ou en partie.

A. Trois doigts devant pectinés, unis à la base par une membrane; un derrière élevé de terre, ou n'y portant que sur le bout.

192. Tétras, *Tetrao*, Linn. Gm. Lath.

Bec couvert de plumes à la base, convexe en dessus, courbé vers le bout.—Sourcils nus.—Pouce portant à terre sur le bout, ou seulement sur l'ongle.—Queue arrondie, ou fourchue, très-rarement étagée.—Rectrices 16 au moins.—Tarses en partie nus. 3 sections.

Esp. Gélinotte à longue queue, Edw.—Tétras.—Petit Tétras, Buff.

193. Lagopède, *Lagopus. Tetrao*, Linn. Gm. Lath.

Bec couvert de plumes à la base, convexe en dessus, un peu comprimé, un peu obtus, courbé vers le bout; mandibule inférieure presque trigone à l'origine.—Sourcils nus.—Tarses et doigts vêtus.—Pouce ne portant à terre que sur l'ongle.

Esp. Lagopède, Buff.

194. Ganga, *Œnas. Tetrao*, Linn. Gm. Lath.

Bec court, garni de plumes à la base, convexe en dessus, courbé vers le bout.—Tarses à demi vêtus.—Ailes étroites, pointues.—1ere Remige la plus longue.—Rectrices 16, les 2 intermédiaires longues, subulées.—Pouce élevé de terre.

Esp. Ganga, Buff.

B. Les trois doigts dirigés en avant, unis presque jusqu'aux ongles. — Pouce nul.

195. Hétéroclite, *Heteroclitus. Tetrao*, Gm. Lath.

Bec garni de plumes à la base, un peu grêle, droit, comprimé, fléchi à la pointe. — Tarses et doigts vêtus. — Ailes pointues.

Esp. Tetrao paradoxus, Gm.

4.e ordre.

ÉCHASSIERS, *Grallatores.*

(*Grallæ*, Linn. Lath.)

Pieds médiocres, ou longs, robustes, ou grêles. — Jambes demi-nues (1). — Doigts, fendus ou palmés, quelquefois bordés; 2-0, 3-0, 3-1. — Pouce élevé de terre, ou n'y posant que sur le bout, ou s'appuyant sur toute sa longueur. — Ongles de forme variée, nullement rétractiles. — Bec de diverses figures.

1.re tribu.

DI-TRIDACTYLES, *Di-tridactyli.*

Deux ou trois doigts devant, point derrière.

1.re famille.

MEGISTANES, *Megistanes.*

Deux ou trois doigts antérieurs. — Ailes sans remiges, impropres au vol.

A. Deux doigts.

196. Autruche, *Struthio*, Linn. Gm. Lath.

Bec droit, médiocre, déprimé, à pointe arrondie, obtuse, onguiculée. — Tête chauve.

Esp. Autruche, Buff.

B. Trois doigts.

197. Nandou, *Rhea*, Lath. *Struthio*, Linn. Gm.

Bec droit, garni à la base d'une membrane oblitérée, un peu déprimé, médiocre, à pointe arrondie, fléchie, onguiculée; mandibule supérieure à dos élevé, entaillée vers le bout; l'inférieure plate en dessous. — Tête parfaitement emplumée.

Esp. Rhea americana, Lath.

198. Casoar, *Casuarius*, Lath. *Struthio*, Linn. Gm.

Bec droit, à dos caréné, arrondi et fléchi à la pointe; mandibule supérieure un peu voûtée, à bords déprimés et

(1) *Exception.* Bécasse. — Secrétaire. — Blongios.

entaillés vers le bout ; l'inférieure un peu anguleuse en dessous, vers l'extrémité. — Tête casquée. — Devant du cou nu, et garni de deux fanons.

Esp. Casoar, Buff.

199. Emou, *Dromiceius. Casuarius*, Lath.

Bec droit, à bords très-déprimés, arrondi à la pointe, un peu caréné en dessus. — Tête emplumée. — Gorge nue.

Esp. Casuarius novæ Hollandiæ, Lath.

2.e FAMILLE.

PÉDIONOMES, *Pedionomi.*

Bec droit, un peu voûté. — Ailes propres au vol. — Les trois doigts réunis à la base par une membrane.

200. Outarde, *Otis*, Linn. Gm. Lath.

Bec médiocre, un peu conique, comprimé, courbé vers le bout, convexe en dessus ; mandibule supérieure couvrant les bords de l'inférieure.

Esp. Outarde. Buff.

3e. FAMILLE.

ÆGIALITES, *Ægialites.*

Bec médiocre, ou plus long que la tête, obtus ou pointu, quelquefois terminé en forme de coin. — Doigts totalement séparés, les antérieurs ou seulement les extérieurs unis à la base par une membrane.

201. Œdicnême, *Œdicnemus. Charadrius*, Linn. Gm. *Otis*, Lath.

Bec plus long que la tête, garni à la base d'une membrane prolongée jusque sur les narines, droit, très-fendu, caréné, en dessus, obtus et un peu renflé à l'extrémité ; mandibule inférieure droite en dessous ou anguleuse du milieu à la pointe. — 2 sections.

Esp. Grand Pluvier, Buff. *Esp. nouv.* Œdicnême à long bec de la Nouvelle-Hollande.

202. Echasse, *Himantopus. Charadrius*, Linn. Gm. Lath.

Bec grêle, plus long que la tête, arrondi, un peu fléchi dans le milieu, presque lisse, pointu. — Tarses très-longs, très-grêles, flexibles.

Esp. Echasse, Buff.

203. Huitrier, *Hæmatopus.* Linn. Gm. Lath.

Bec droit, comprimé latéralement, plus long que la tête, terminé en forme de coin.

Esp. Huitrier, Buff.

204. Erolie, *Erolia.*

Bec arrondi à la base, plus long que la tête, sillonné en dessus, fléchi en arc, un peu obtus.

Esp. nouv. (O)

205. Coure-vite, *Tachydromus. Charadrius*, Linn. Gm. *Cursorius*, Lath.

Bec presque rond, médiocre, grêle, courbé vers le bout, pointu.—Doigts séparés dès la base.

Esp. Coure-vite, Buff.

206. Pluvian, *Pluvianus. Charadrius*, Linn. Gm. Lath.

Bec épais à la base, comprimé vers le milieu, pointu; mandibule supérieure fléchie en arc.—Doigts grêles.

Esp. Pluvian, Buff.

207. Sanderling, *Calidris. Charadrius*, Linn. Gm. Lath.

Bec médiocre, droit, un peu grêle, presque rond, à pointe lisse, dilatée, un peu obtuse.—Doigts totalement séparés.

Esp. Sanderling, Buff.

208. Pluvier, *Charadrius*, Linn. Gm. Lath.

Bec médiocre, droit, un peu grêle, presque rond, obtus et un peu renflé à la pointe. — Doigts extérieurs unis à la base par une membrane.—Ailes simples, ou éperonnées. 2 sect.

Esp. Pluvier doré,— à aigrettes, Buff.

2.e TRIBU.

TETRADACTYLES, *Tetradactyli.*

Trois doigts devant, un derrière.

4.e FAMILLE.

ELONOMES, *Elonomi.*

Bec droit, ou arqué, presque rond, un peu grêle, dilaté, ou arrondi à la pointe.—Pouce articulé plus haut que les doigts antérieurs, ou élevé de terre, ou n'y posant que sur le bout.

209. Vanneau, *Vanellus. Tringa, Parra*, Linn. Gm. Lath.

Bec droit, presque cylindrique, un peu grêle, plus court que la tête, un peu obtus et renflé à la pointe.—Pouce élevé de terre.—Ailes simples, ou éperonnées. 2 sections.

Esp. Vanneau. — V. armé, Buff.

210. Tourne-pierre, *Strepsilas. Tringa*, Linn. Gm. Lath.

Bec un peu épais à la base, plus court que la tête, un peu robuste; mandibule supérieure un peu fléchie vers le milieu; l'inférieure un peu retroussée.—Pouce portant à terre sur le bout.

Esp. Tournepierre, Buff.

211. TRINGA, *Tringa*, Linn. Gm. Lath.

Bec un peu grêle, flexible, presque rond, droit, ou un peu arqué, médiocre, ou long, sillonné en dessus, lisse et dilaté à la pointe. — Doigts ou totalement séparés, ou les extérieurs unis à la base par une membrane.—Pouce portant à terre sur le bout. 2 sections.

Esp. Maubèche.—Alouette de mer.—Paon de mer, Buff.

212. CHEVALIER, *Totanus*, Briss. *Tringa*, Linn. Gm. Lath.

Bec un peu grêle, médiocre, ou long, presque rond, quelquefois un peu retroussé vers le bout, sillonné en dessus, lisse et courbé à la pointe de sa partie supérieure; mandibule inférieure un peu retroussée à l'extrémité chez la plupart.— Doigts antérieurs, ou seulement les extérieurs unis à la base par une membrane.—Pouce ne portant à terre que sur le bout.

Esp. Chevalier rayé.—Grive d'eau, Buff.

213. CHORLITE, *Rostratula*. *Scolopax*, Linn. Gm. Lath.

Bec plus long que la tête, un peu grêle, sillonné en dessus, un peu renflé vers le bout, lisse et courbé à la pointe.—Ailes courtes, un peu concaves. — Doigts extérieurs unis à la base par une membrane.—Pouce ne portant à terre que sur le bout.

Esp. Bécassine de Madagascar, Buff.

214. BÉCASSINE, *Scolopax*, Linn. Gm. Lath.

Bec plus long que la tête, droit, un peu grêle, presque rond, sillonné en dessus, à pointe dilatée, obtuse, ridée (chez l'oiseau mort.)—Doigts extérieurs unis à la base par une membrane; pouce n'appuyant que sur le bout.

Esp. Bécassine, Buff.

215. BÉCASSE, *Rusticola*. *Scolopax*. Linn. Gm. Lath.

Bec plus long que la tête, droit, à pointe arrondie, ridée latéralement (chez l'oiseau mort); mandibule supérieure sillonnée sur les côtés, munie d'un bourrelet interne à l'extrémité; l'inférieure tronquée et creusée à la pointe.—Jambes emplumées jusqu'au genou. — Doigts totalement séparés; pouce ne portant à terre que sur le bout.

Esp. Bécasse, Buff.

216. BARGE, *Limicula*. *Scolopax*. Linn. Gm. Lath.

Bec épais à la base, très-long, presque rond, un peu retroussé, à pointe lisse et obtuse; mandibule supérieure sillonnée sur les côtés, munie à l'extrémité d'un bourrelet interne. — Doigts externes unis à la base par une membrane; pouce ne portant à terre que sur le bout.

Esp. Barge, Buff).

217. CAURALE, *Helias*. *Ardea*, Linn. Gm. *Scolopax*, Lath.

Bec un peu épais, plus long que la tête, droit, presque

rond, accuminé, pointu; mandibule supérieure canelée sur les côtés, fléchie et échancrée vers le bout. — Doigts externes unis à la base par une membrane; pouce ne portant à à terre que sur le bout.

Esp. Caurale, Buff.

218. Courlis, *Numenius*, Lath. *Scolopax*, Linn. Gm.

Bec très-long, un peu grêle, un peu arrondi, fléchi en arc, presque obtus; mandibule supérieure sillonnée sur les côtés, à pointe lisse et dilatée. — Doigts antérieurs unis à la base par une membrane; pouce n'appuyant que sur le bout.

Esp. Courlis, Buff.

5.ᵉ FAMILLE.

FALCIROSTRES, *Falcirostres*.

Bec plus long que la tête, épais à la base, courbé en forme de faux. — Face nue. — Doigts antérieurs unis à l'origine par une membrane; pouce portant à terre sur toute sa longueur.

219. Ibis, *Ibis. Tantalus*. Linn. Gm. Lath.

Bec épais à la base, ensuite un peu grêle, tétragone, entier, fléchi en arc, à pointe lisse, obtuse, arrondie; mandibule supérieure sillonnée. — Face nue.

Esp. Courlis rouge, Buff.

220. Tantale, *Tantalus*, Linn. Gm. Lath.

Bec très-long, aussi large que la tête à la base, un peu comprimé, lisse, courbé vers le bout; mandibule supérieure trigone à l'origine, ensuite un peu arrondie en dessus, échancrée vers la pointe. — Tête et cou couverts d'une peau nue, rude, verruceuse.

Esp. Couricaca, Buff.

6.ᵉ FAMILLE.

LATIROSTRES, *Latirostres*.

Bec plus long que la tête, large, déprimé, caréné, ou plat en dessus. — Doigts antérieurs unis à la base par une membrane; pouce portant à terre sur toute sa longueur.

221. Spatule, *Platalea*, Linn. Gm. Lath.

Bec droit, aplati dessus et dessous, flexible, dilaté vers le bout en forme de spatule.

Esp. Spatule, Buff.

222. Savacou, *Cancroma*, Linn. Gm. Lath.

Bec ovale, sillonné, à bords saillans, caréné en dessus, très-large; mandibule supérieure en forme de cuillère renversée, crochue à la pointe; l'inférieure droite, plate, membraneuse dans le milieu.

Esp. Savacou, Buff.

7.e FAMILLE.

HÉRODIONS, *Herodiones.*

Bec épais, quelquefois entier, plus long que la tête, rarement entr'ouvert, ou droit, ou fléchi à la pointe. — Pouce portant à terre sur plusieurs phalanges. — Jambes très-rarement emplumées jusqu'aux genoux.

223. Ombrette, *Scopus.* Linn. Gm. Lath.

Bec très-comprimé, caréné dessus et dessous; mandibule supérieure sillonnée sur les côtés, courbée à la pointe; l'inférieure plus étroite vers le bout, un peu tronquée. — Doigts antérieurs unis à la base par une membrane.

Esp. Ombrette, Buff.

224. Anastome ou Bec-ouvert, *Anastomus, Ardea*, Lin. Gm. Lath.

Bec comprimé latéralement, bâillant vers le milieu, pointu; mandibule supérieure échancrée vers le bout, ou dentelée sur les bords; l'inférieure entière. — Doigts extérieurs unis à la base par une membrane. — Ongle intermédiaire dilaté, entier. 2 sections.

Esp. Bec-ouvert, Buff. — Bec-ouvert de Coromandel, Sonnerat.

225. Courliri, *Aramus. Ardea*, Linn. Gm. Lath.

Bec très-fendu, comprimé latéralement; mandibule supérieure un peu sillonnée, courbée vers le bout; inférieure un peu anguleuse en dessous. — Doigts totalement séparés. — Ongle intermédiaire dilaté, entier.

Esp. Courliri, Buff.

226. Héron, *Ardea*, Linn. Gm. Lath.

Bec robuste, droit, ou un peu courbé, très-fendu, finement dentelé chez la plupart, comprimé, acuminé, aigu; mandibule supérieure sillonnée, ordinairement échancrée vers le bout. — Jambes ou demi-nues, ou emplumées jusqu'au tarse. — Ongle intermédiaire dilaté et pectiné sur le bord interne. — Doigts extérieurs unis à la base par une membrane; pouce et doigt interne réunis à la base. 3 sections.

Esp. Héron. — Butor. — Blongios, Buff.

227. Cigogne, *Ciconia. Ardea*, Linn. Gm. Lath.

Bec robuste, droit, entier, comprimé, pointu; mandibule supérieure à sillons oblitérés. — Ongle intermédiaire entier. — Doigts antérieurs unis à la base par une membrane.

Esp. Cigogne, Buff.

228. Jabiru, *Mycteria*, Linn. Gm. Lath.

Bec longi-cône, lisse, robuste, comprimé, pointu; mandibule supérieure trigône, droite; l'inférieure plus épaisse, retroussée. — Tête et cou plus ou moins dénués de plumes. — Doigts antérieurs unis à la base par une membrane.

Esp. Jabiru, Buff.

8.e FAMILLE.

ÆROPHONES, *Ærophoni.*

Bec épais, droit, comprimé, convexe, pointu. — Tête chauve, ou emplumée, quelquefois caronculée. — Doigts extérieurs unis à la base par une membrane; pouce ne portant à terre que sur le bout.

229. GRUE, *Grus. Ardea*, Linn. Gm. Lath.

Bec très-long, sillonné sur les côtés de sa partie supérieure, entier, ou dentelé sur les bords. — Tête chauve, ou emplumée. 3 sections.

Esp. Ardea caruncula. — Gigantea. — Grus, Gm. Lath.

230. ANTHROPOIDE, *Anthropoïdes. Ardea*, Lin. Gm. Lath.

Bec à peine plus long que la tête, entier, sillonné en dessus. — Tête totalement emplumée ou nue seulement sur les tempes. 2 sections.

Esp. Demoiselle. — Oiseau royal, Buff.

9.e FAMILLE.

COLÉORAMPHES, *Coleoramphi.*

Bec couvert à la base d'un fourreau corné. — Doigts extérieurs unis à l'origine par une membrane; pouce élevé de terre.

231. CHIONIS, *Chionis*, Forster. *Vaginalis*, Gm. Lath.

Bec conico-convexe plus long que la tête, droit, épais, robuste, comprimé, courbé à la pointe. — Face nue, mamelonnée chez les adultes.

Esp. Vaginalis Chionis, Gm. Lath.

10.e FAMILLE.

UNCIROSTRES, *Uncirostres.*

Bec robuste, courbé, ou crochu à la pointe. — Pouce articulé sur le tarse plus haut que les autres doigts, ou élevé de terre, ou n'y portant que sur le bout.

232. CARIAMA, *Lophorhynchus. Palamedea*, Lin. Gm. Lath.

Bec plus long que la tête, arrondi à la base et garni d'un faisceau de plumes longues, roides et décomposées, crochu à la pointe. — Doigts antérieurs unis à l'origine par une membrane; pouce élevé de terre.

Esp. Cariama, Buff.

233. SECRÉTAIRE, *Ophiotheres. Falco*, Lin. Gm. *Vultur*, Lath.

Bec plus court que la tête, droit et garni d'une cire à la

base, comprimé, épais, robuste, crochu à la pointe de sa partie supérieure. — Lorum glabre. — Jambes et devant du genou emplumés. — Doigts antérieurs unis à la base par une membrane. — Pouce court, portant à terre sur le bout.

Esp. Secrétaire, Buff.

234. Céréopsis, *Cereopsis*, Lath.

Bec plus court que la tête, convexe en dessus, courbé à la pointe. — Narines situées dans une membrane raboteuse et prolongée sur toute la tête. — Doigts antérieurs unis à la base par une membrane; pouce élevé de terre.

Esp. Cereopsis Novæ Hollandiæ, Lath.

235. Glaréole, *Glareola*, Linn. Gm. Lath.

Bec plus court que la tête, convexe en dessus, un peu comprimé vers le bout, très-fendu, un peu voûté, crochu à la pointe. — Doigts extérieurs unis à la base par une membrane; pouce portant à terre sur le bout. — Queue fourchue ou entière. 2 sections.

Esp. Perdrix-de-mer. Buff. *Esp. nouv.* (P)

236. Kamichi, *Palamedea*, Linn. Gm. Lath.

Bec plus court que la tête, couvert à la base de petites plumes, conico-convexe, un peu voûté, crochu à la pointe. — Front garni d'une corne cylindrique, droite, pointue. — Ailes éperonnées. — Doigts antérieurs unis à la base par une membrane; pouce portant à terre sur le bout.

Esp. Kamichi. Buff.

237. Chavaria, *Opistolophus. Parra*, Linn. Gm. Lath.

Bec plus court que la tête, garni de petites plumes à la base, conico-convexe, un peu voûté, courbé à la pointe. — Tête simple. — Lorum nu. — Ailes éperonnées. — Doigts extérieurs unis à la base par une membrane; pouce portant à terre sur le bout. — Ongles postérieur et intermédiaire à peu près droits. — Queue étagée.

Esp. Parra Chavaria, Gm. Lath.

11e. FAMILLE.

HILEBATES, *Hilebatæ*.

Bec un peu voûté, droit, pointu. — Doigts antérieurs unis à la base par une membrane, raboteux en dessous; pouce ne portant à terre que sur le bout.

238. Agami, *Psophia*, Linn. Gm. Lath.

Bec plus court que la tête, un peu conique, un peu comprimé, convexe en dessus, fléchi à la pointe. — Ailes arrondies.

Esp. Agami, Buff.

12.e FAMILLE.

MACRONYCHES, *Macronyches.*

Bec droit, médiocre, un peu renflé vers la pointe. — Doigts totalement séparés. — Ongles longs, presque droits, aigus.

239. Jacana, *Parra*, Linn. Gm. Lath.

Bec glabre ou caronculé à la base, droit, comprimé latéralement, un peu renflé vers le bout. 2 sections.

Esp. Jacana brun, Buff. — Parra cinnamomea, Lath.

13.e FAMILLE.

MACRODACTYLES, *Macrodactyli.*

Bec un peu épais, incliné à la pointe. — Doigts longs; antérieurs totalement séparés ou unis à la base par une petite membrane, lisses chez les uns, bordés d'une membranule entière chez les autres; pouce portant à terre sur la première phalange.

A. Doigts lisses. — Front emplumé.

240. Rale, *Rallus*, Linn. Gm. Lath.

Bec plus long que la tête, un peu grêle, droit, comprimé, un peu cylindrique vers le bout, sillonné en dessus. — Doigts antérieurs unis à la base par une petite membrane.

Esp. Râle d'eau, Buff.

241. Porzane, *Porzana. Rallus, Fulica*, Lin. Gm. *Gallinula*, Lath.

Bec plus court que la tête, épais à la base, droit, atténué et comprimé vers le bout, pointu; mandibule supérieure couvrant un peu les bords de l'inférieure. — Doigts totalement libres.

Esp. Marouette, Buff.

B. Doigts lisses. — Front chauve.

242. Porphyrion, *Porphyrio. Fulica*, Linn. Gm. *Gallinula*, Lath.

Bec plus court que la tête, conico-convexe, comprimé, pointu, un peu renflé vers le bout; mandibule supérieure couvrant les bords de l'inférieure.—Doigts totalement séparés.

Esp. Porphyrion, Buff.

C. Doigts bordés d'une membrane étroite, entière. — Front chauve.

243. Gallinule, *Gallinula*, Briss. Lath. *Fulica*, Lin. Gm.

Bec plus court que la tête, droit, épais à la base, convexe en dessus, comprimé, un peu renflé en dessous vers le bout; mandibule supérieure couvrant les bords de l'inférieure.

Esp. Poule d'eau, Buff.

14.e FAMILLE.

PINNATIPÈDES, *Pinnatipedes.*

Bec médiocre, entier, incliné à la pointe. — Doigts antérieurs totalement séparés, bordés d'une membrane découpée en forme de lobe; pouce portant à terre sur le bout, ou seulement sur l'ongle, pinné, ou lisse.

244. Foulque, *Fulica.* Linn. Gm. Lath.
Bec plus court que la tête, droit, épais à la base, conico-convexe; mandibule supérieure couvrant les bords de l'inférieure; celle-ci un peu gibbeuse vers la pointe. — Front chauve. — Pouce pinné, portant à terre sur le bout.
Esp. Foulque, Buff.

245. Crymophile, *Crymophilus. Tringa,* Linn. Gm. *Phalaropus,* Lath.
Bec un peu trigone à la base, sillonné en dessus, droit, à pointe dilatée, arrondie et fléchie. — Pouce court, lisse, et ne portant à terre que sur l'ongle.
Esp. Phalarope à festons dentelés, Buff.

246. Phalarope, *Phalaropus,* Briss. Lath. *Tringa,* Lin. Gm.
Bec droit, arrondi, grêle, pointu, un peu incliné vers le bout. — Pouce court, lisse, ne portant à terre que sur l'ongle.
Esp. Phalarope cendré, Buff.

15.e FAMILLE.

PALMIPÈDES, *Palmipedes.*

Bec plus long que la tête, ou grêle, entier et retroussé, ou épais et dentelé en lame. — Doigts antérieurs réunis par une membrane échancrée dans le milieu.

247. Avocette, *Recurvirostra,* Linn. Gm. Lath.
Bec subulé, un peu aplati en dessus, grêle, entier, retroussé, flexible, membraneux et très-aigu à la pointe.
Esp. Avocette, Buff.

248. Phénicoptère, *Phœnicopterus.* Linn. Gm. Lath.
Bec épais, cellulaire, étroit vers le bout; mandibule supérieure à dos aplati, courbée et comme brisée vers le milieu, trigone à la base, fléchie vers le bout; palais à carène longitudinale, ou oblongue et très-épaisse, l'inférieure ovale, canaliculée en dedans, dentelée en lame. 2 sections.
Esp. Phénicoptère, Buff. *Esp. nouv.* (Q)

5.e ORDRE.

NAGEURS, *Natatores.*

Pieds courts, posés à l'équilibre, ou à l'arrière du corps. — Jambes dénuées de plumes sur leur partie inférieure (1). — Doigts palmés, quelquefois lobés, 3–1, 3–0, 4–0; ongles courts, rarement médiocres, comprimés, ou aplatis. — Bec de diverses formes.

I.re TRIBU.

TÉLÉOPODES, *Teleopodes.*

Quatre doigts; pouce ou dirigé en devant, et engagé avec les autres dans la même membrane, ou tourné en arrière et libre.

I.re FAMILLE.

SYNDACTILES, *Syndactili.*

Jambes demi-nues, ou totalement emplumées; les quatre doigts engagés dans la même membrane.

A. Jambes entièrement vêtues.

249. Frégate, *Tachypetes. Pelecanus*, Linn. Gm. Lath.
Bec plus long que la tête, robuste, entier, suturé en dessus, très-fendu; mandibules très-crochues, acuminées à la pointe. — Gorge expansible. — Orbites nues.
Esp. Frégate, Buff.

250. Cormoran, *Hydrocorax. Pelecanus*, Linn. Gm. Lath.
Bec plus long que la tête, robuste, un peu épais, droit, un peu comprimé, arrondi en dessus, entier; mandibule supérieure sillonnée, crochue vers le bout, pointue; l'inférieure obtuse et un peu courbée à la pointe. — Face un peu glabre. — Gorge expansible.
Esp. Cormoran, Buff.

B. Jambes en partie nues.

251. Pélican, *Pelecanus*, Linn. Gm. Lath.
Bec très-long, aplati, large, à bords entiers, ou dentelés en scie. — Mandibule supérieure sillonnée, crochue et onguiculée à la pointe; l'inférieure flexible, membraneuse dans le milieu. — Face nue. — Gorge très-expansible. — 2 sections.
Esp. Pélican blanc. — A bec dentelé, Buff.

252. Fou, *Morus. Pelecanus*, Linn. Gm. Lath.
Bec fort, plus long que la tête, un peu épais, droit, com-

(1) *Exception.* Frégate. — Cormoran.

primé, arrondi en dessus, finement dentelé sur les bords; mandibule supérieure suturée, fléchie à la pointe. — Face nue. — Gorge expansible.

Esp. Fou de Bassan, Buff.

253. PHAÉTON, *Phaeton*. Linn. Gm. Lath.

Bec fort, plus long que la tête, comprimé, convexe en dessus, droit, dentelé sur les bords, incliné vers le bout, pointu. — Face emplumée. — 2 rectrices très-longues, grêles.

Esp. Paille-en-queue, Buff.

254. ANHINGA, *Plotus*, Linn. Gm. Lath.

Bec plus long que la tête, droit, robuste, dentelé obliquement sur les bords, très-aigu. — Face et gorge nues.

Esp. Anhinga, Buff.

2.ᵉ FAMILLE.

PLONGEURS, *Urinatores*.

Bec un peu cylindrique, subulé, entier ou dentelé. — Jambes demi-nues. — Quatre doigts, trois devant, un derrière; antérieurs ou lobés et le pouce libre, ou palmés jusqu'aux ongles et le pouce joint à l'interne par une petite membrane.

A. Pieds à l'équilibre du corps. — Doigts lobés.

255. HÉLIORNE, *Heliornis. Plotus*, Linn. Gm. Lath.

Bec médiocre, droit, robuste, subulé, cylindrique, dentelé sur les bords, pointu. — Pouce lisse.

Esp. Grébi-foulque, Buff.

B. Pieds à l'arrière du corps. — Doigts lobés.

256. GRÈBE, *Podiceps*, Lath. *Colymbus*, Linn. Gm.

Bec plus long que la tête, robuste, un peu comprimé, ou presque cylindrique, subulé, droit, entier, pointu; mandibule supérieure droite ou crochue à la pointe. — Pouce pinné. 2 sections.

Esp. Grèbe huppé. — Grèbe de la Louisiane, Buff.

C. Pieds à l'arrière du corps. — Doigts palmés.

257. PLONGEON, *Colymbus*, Linn. Gm. Lath.

Bec plus long que la tête, droit, fort, presque cylindrique, un peu rétréci sur les côtés, subulé, acuminé; mandibule supérieure plus longue que l'inférieure. — Pouce pinné, joint au doigt interne par une petite membrane.

Esp. Plongeon, Buff.

3.ᵉ FAMILLE.

DERMORHYNQUES, *Dermorhynci*.

Bec couvert d'une épiderme, dentelé, en scie ou en lame,

déprimé et arrondi à la pointe. — Jambes demi-nues. — Trois doigts devant palmés, un derrière libre.

A. *Pieds posés à l'équilibre du corps.*

258. Harle, *Mergus*, Linn. Gm. Lath.

Bec un peu déprimé à la base, subulé, cylindrique, dentelé en scie sur les bords; mandibule supérieure crochue et onguiculée à la pointe; l'inférieure obtuse. — Doigt externe le plus long de tous; pouce pinné.

Esp. Harle, Buff.

259. Oie, *Anser*, Briss. *Anas*, Linn. Gm. Lath.

Bec plus haut que large à la base, quelquefois renflé près du front, droit, rétréci et arrondi à la pointe, à dentelures lamellées, coniques et pointues; mandibule supérieure courbée et onguiculée à l'extrémité; l'inférieure plate, plus étroite. — Pouce simple. — Ailes simples ou armées, sans miroir. 2 sections.

Esp. Oie sauvage. — Oie de Gambie, Buff.

B. *Pieds hors l'équilibre du corps.*

260. Cygne, *Cygnus*, Briss. *Anas*, Linn. Gm. Lath.

Bec à base plus haute que large, garnie d'un tubercule charnu et renflé, un peu cylindrique en dessus, dentelé en lame, obtus; mandibule supérieure onguiculée et courbée à l'extrémité; l'inférieure plate.—Lorum glabre.—Pouce lisse.

Esp. Cygne, Buff.

261. Canard, *Anas*, Linn. Gm. Lath.

Bec à base plus large qu'épaisse, quelquefois gibbeuse, à bords dentelés en lame; mandibule supérieure onguiculée et courbée à la pointe; l'inférieure plate, plus étroite.—Lorum emplumé. — Miroir de diverses couleurs sur les ailes. — Pouce ou pinné, ou lisse. 2 sections.

Esp. Macreuse.—Tadorne, Buff.

4.e famille.

PÉLAGIENS, *Pelagii.*

Bec entier, comprimé par les côtés, quelquefois en forme de lame, droit ou courbé à la pointe. — Pieds à l'équilibre du corps. — Jambes demi-nues. — Trois doigts devant palmés, un derrière libre.—Ailes longues.

262. Stercoraire, *Prædatrix. Larus*, Linn. Gm. Lath.

Bec médiocre, un peu robuste, couvert à la base d'une membrane prolongée jusqu'aux narines, preque rond, entier; mandibule supérieure articulée, crochue vers le bout; l'inférieure arrondie à la pointe. — Pouce lisse.

Esp. Labe, Buff.

263. MOUETTE, *Larus*, Linn. Gm. Lath.

Bec nu à la base, médiocre, un peu fort, convexe en dessus, comprimé latéralement, entier; mandibule supérieure crochue à la pointe; l'inférieure renflée et anguleuse en dessous. — Pouce élevé de terre, quelquefois exonguiculé. 2 sections.

Esp. Mouette rieuse. — Cendrée, Buff.

264. STERNE, *Sterna*. Linn. Gm. Lath.

Bec plus long que la tête, subulé, un peu comprimé, aigu, ou droit, ou courbé à la pointe. 2 sections.

Esp. Noddy. — Epouvantail. — Fouquet, Buff.

265. RHYNCHOPS, *Rhynchops*. Linn. Gm. Lath.

Bec plus long que la tête, droit, comprimé en forme de lame, tronqué à la pointe; mandibule supérieure plus courte que l'inférieure.

Esp. Bec-en-ciseaux, Buff.

2.e TRIBU.

ATÉLÉOPODES, *Ateleopodes*.

Trois doigts palmés, dirigés en avant, point derrière.

5.e FAMILLE.

SIPHORINS, *Siphorini*.

Bec composé, entier, ou droit, ou courbé à la pointe. — Narines tubulées, souvent jumelles. — Pieds hors l'équilibre du corps. — Jambes demi-nues. — Quelquefois un ongle au lieu de pouce.

266. PETREL, *Procellaria*. Linn. Gm. Lath.

Bec ou un peu comprimé, ou dilaté à la base, médiocre, sillonné; les deux mandibules ou crochues et pointues, ou la supérieure seule crochue et l'inférieure droite et tronquée. — Narines ou distinctes, ou jumelles, cachées dans un tube émoussé et couché sur la base du bec. — Un ou point d'ongle postérieur. 3 sections.

Esp. Puffin damier. — Pétrel bleu, Buff. — Procellaria urinatrix, Lath.

267. ALBATROS, *Diomedea*. Linn. Gm. Lath.

Bec très-long, robuste, épais, droit, comprimé; mandibule supérieure sillonnée, crochue à la pointe; l'inférieure tronquée. — Narines tubulées. — Point d'ongle postérieur.

Esp. Albatros, Buff.

6.e FAMILLE.

BRACHYPTÈRES, *Brachypteri*.

Bec de formes diverses. — Pieds à l'arrière du corps. — Jambes demi-nues. — Trois doigts devant palmés, point derrière. — Ailes courtes.

268. GUILLEMOT, *Uria*, Lath. *Colymbus*, Linn. Gm.

Bec droit alongé, garni à la base de plumes veloutées, convexe en dessus, comprimé, subulé, pointu; mandibule supérieure échancrée vers le bout. — Narines linéaires, à demi cachées sous les plumes.

Esp. Guillemot noir et blanc, Buff.

269. MERGULE, *Mergulus*, Ray. *Alca*, Lin. Gm. Lath.

Bec plus court que la tête, garni à la base de plumes veloutées, un peu épais, convexe en dessus, échancré et courbé vers le bout. —Narines rondes à demi couvertes par les plumes.

Esp. Petit plongeon noir et blanc, Edwards, pl. 91.

270. MACAREUX, *Larva. Alca*, Linn. Gm.

Bec aussi large que la face à la base, comprimé, sillonné transversalement, aussi long, ou plus long que haut; mandibule supérieure crochue à la pointe; l'inférieure anguleuse en dessous. —Narines à peine visibles, linéaires, situées à la base et sur les côtés du bec. 2 sections.

Esp. Macareux. — Grand Pingouin, Buff.

271. ALQUE, *Alca*, Linn. Gm.

Bec plus court que la tête, conico-convexe, comprimé, sillonné le plus souvent en travers, anguleux sur les bords; mandibule supérieure courbée à la pointe; l'inférieure plus courte, renflée vers la base. —Narines oblongues, situées vers le milieu du bec.

Esp. Alca cristatella, Gm. Lath.

3.e TRIBU.

PTILOPTÈRES, *Ptilopteri*.

Quatre doigts, trois palmés; pouce dirigé en avant, libre.

7.e FAMILLE.

MANCHOTS, *Sphenisci*.

Bec ou comprimé et crochu à la pointe, ou presque cylindrique, et seulement incliné vers le bout. —Pieds à l'arrière du corps. —Jambes à demi nues. —Pouce court, joint, par la base, au doigt interne. — Rémiges et rectrices nulles.

272. Gorfou, *Endyptes. Aptenodytes*, Linn. Gm. Lath.

Bec droit à la base, comprimé, sillonné obliquement; mandibule supérieure crochue; l'inférieure arrondie ou tronquée à la pointe. 2 sections.

Esp. Manchot des Hottentots. — Sauteur, Buff.

273. APTENODYTE, *Aptenodytes*, Linn. Gm.

Bec plus long que la tête, lisse, droit, subulé, un peu grêle, cylindrique, pointu; mandibule supérieure inclinée vers le bout.

Esp. Aptenodytes papua, Gm. Lath.

(A) Ibrin noir, *Daptrius ater.* D'un noir à reflets bleuâtres ; queue blanche à la base, arrondie ; bec et ongles noirs ; cire d'un cendré noirâtre ; pieds jaunes. Longueur 14 à 15 pouces : habite le Brésil.

(B) Asturie cendrée, *Asturia cinerea.* D'un cendré bleuâtre ; bandes blanchâtres en dessous du corps ; queue traversée par deux raies noires, blanches à la pointe. Longueur 15 pouces. Bec bleu-clair en dessous ; cire bleue, pieds jaunes : habite la Guiane.

(C) Musophage huppé, *Musophaga cristata.* Dessus du corps, ailes, gorge, cou d'un bleu pâle ; huppe noire, poitrine et ventre d'un vert jaune ; cuisses, tectrices inférieures de la queue rousses ; les deux rectrices intermédiaires bleues, les latérales noires à la base, jaunes dans le milieu, ensuite d'un noir bleuâtre vers la pointe ; bec orangé ; pieds noirs ; queue très-longue, large ; ailes courtes ; longueur 25 pouces : habite l'Afrique.

(D) Phibalure a bec jaune, *Phibalura flavirostris.* Variée de noir et de roux en dessus ; sommet de la tête, remiges et rectrices noires ; occiput, gorge roux ; devant du cou, poitrine noirs et blancs ; haut du ventre tacheté de blanc et de noir ; taille du Tangara Evêque : habite le Brésil.

(E) Pie a ventre roux, *Pica rufiventris.* Sommet de la tête et nuque d'un gris bleu ; gorge, devant du cou, premières pennes des ailes noires ; les deux rectrices intermédiaires de la queue pareilles à la pointe ; poitrine, ventre, dos, croupion roux ; couvertures supérieures des ailes cendrées ; taille de la Draine ; queue étagée ; bec et pieds noirs : habite l'Asie orientale.

(F) Gallite tricolor, *Gallita tricolor.* Dessus de la tête, queue et pieds noirs ; joues et dessous du corps blancs ; dos et croupion cendrés ; bec olivâtre. Longueur 6 pouces et demi : habite l'Amérique méridionale.

(G) Tyran pepoaza, *Tyrannus cinereus.* Tête rayée sur les côtés de blanc et de noir ; gorge, abdomen, base des remiges blancs ; queue, bec et pieds noirs. Longueur 9 pouces ; habite l'Amérique mérid.

(H) Spécothère vert, *Sphecotera viridis.* Verdâtre sur les parties supérieures, d'un vert jaune sur les inférieures ; tête, bec et pieds noirs ; taille du Merle : habite l'Australasie.

(I) Gralline noire et blanche, *Gallina melanoleuca.* Sourcils, dessus du cou, poitrine et parties postérieures, bandes longitudinales sur les ailes, bas du dos, croupion et toutes les pennes latérales de la queue blancs ; reste du plumage et pieds noirs ; bec blanchâtre, noir en dessus du milieu à la pointe ; taille du Stourne : la femelle a la gorge blanche : habite la Nouvelle-Hollande.

(K) Sittine a queue rousse, *Neops ruficaudus.* D'un brun olivâtre en dessus ; d'un cendré roux en dessous ; tête et gorge tachetées de blanc sale ; sourcils blanchâtres ; strie blanche au dessous des joues ; pennes primaires rousses à la base et à la pointe, couleur de canelle sur le milieu ; les deux rectrices intermédiaires et les deux premières latérales de chaque côté rousses ; les deux suivantes noires. Longueur 4 pouces ; bec et pieds bruns : habite la Guiane.

(L) Sittelle brune, *Sitta fusca.* Tête, dessus du corps, ailes et queue de couleur brune ; bande cervicale et gorge blanches ; abdomen d'un blanc roussâtre ; bec et pieds bruns. Taille du rossignol : habite le Brésil.

(M) OISEAU-MOUCHE À BEC-EN-SCIE, *Trochilus serrirostris.* D'un vert doré en dessus ; ailes et queue d'un violet sombre ; gorge d'un bleu violet sur les côtés, d'un brun pointillé d'or sur le milieu ; parties postérieures de cette couleur brune ; bas-ventre et couvertures inférieures de la queue blancs ; bec et pieds noirs. Taille du Rubis-topaze : habite le Brésil.

(N) ORTYGODE VARIÉE, *Ortygodes variegata.* Dessus du corps, cou, poitrine roux et tachetés de noir et de blanc ; trois bandes transversales blanches et noires sur le front ; remiges et rectrices brunes ; ventre blanchâtre ; bec et pieds cendrés. Taille de la Calandre ; habite l'Asie orientale.

(O) EROLIE VARIÉE, *Erolia variegata.* Tachetée de gris et de blanc en dessus ; blanche avec de petites lignes brunes sur le devant du cou et sur la poitrine ; bande blanche entre le bec et l'œil ; remiges et rectrices noirâtres ; bec et pieds noirs. Taille de l'Alouette de mer, mais plus haute sur les jambes : habite l'Afrique.

(P) GLARÉOLE ISABELLE, *Glareola isabella.* Couleur d'isabelle ; ailes noires ; gorge et cou blancs avec quelques taches effacées sur les côtés et sur le haut de la poitrine ; pli de l'aile noir et blanc à l'intérieur ; queue blanche en dessous ; ventre de la même couleur ; flancs d'un roux foncé ; première remige très-longue, subulée, grêle à la pointe : habite l'Australasie.

(Q) PETIT PHŒNICOPTÈRE, *Phœnicopterus parvus.* Rouge ; rectrices supérieures à bandes rouges et noires ; remiges et rectrices de cette dernière couleur ; bec et pieds rouges : se trouve en Afrique.

NOUVEAUX NOMS, tirés du grec, qui sont employés dans cette Ornithologie, pour plusieurs tribus, familles et genres.

Acridothera [ἀκρὶς, *locustella*, θηράω, *venor*].
Ægialites [αἰγιαλίτης, *littoralis*].
Ægithali [αἰγίθαλος, *parus*].
Ægolii [αἰγωλιός, *ulula*].
Ærophoni [ἠερόφωνος, *alta et clara voce aerem replens*].
Agelaius [ἀγελαῖος, *gregarius*].
Alectrurus [ἀλέκτωρ, *gallus*, οὐρά, *cauda*].
Anastomus [ἀναστομόω, *aperio os*].
Anerpontes [ἀνέρπω, *sursum repto*].
Anthomyzi [ἄνθος, *flos*, μυζάω, *sugo*].
Anthriades [ἀντριάς, *in antris degens*].
Arremon [ἀῤῥήμων, *tacitus*].
Ateleopodes [ἀτελής, *imperfectus*, πούς, *pes*].
Barryphonus [βαρύφωνος, *cui vox est gravis*].
Campephaga [κάμπη, *eruca*, φάγω, *edo*].
Catharista [καθαρίζω, *purifico*].
Cicinnurus [κίκιννος, *cincinnus*, οὐρά, *cauda*].
Circaetus [κίρκος, *circus*, ἀετός, *aquila*].
Cissopis [κίσσα, *pica*, ὤψ, *vultus*].
Coleoramphi [κολεός, *vagina*, ῥάμφος, *rostrum*].
Conopophaga [κώνωψ, *culex*, φάγω, *edo*].
Corydonix [κορυδός, *alauda*, ὄνυξ, *unguis*].
Creadion [κρεάδιον, *caruncula*].
Crymophilus [κρυμός, *glacies*, φιλέω, *gaudeo*].
Crypsirina [κρύπτω, *occulto*, ῥίν, *naris*].
Cryptura [κρυπτός, *ocultus*, οὐρά, *cauda*].
Daptrius [δάπτριος, *vorator*].
Dendrocopus [δενδροκόπος, *arborem rostro tundens*].

Dermorhynchi [δέρμα, cutes, ῥύγχος, rostrum].
Dicrurus [δίκροος, furcatus, οὐρά, cauda].
Dilophus [δίλοφος, duplicem cristam habens].
Dromaius [δρομαῖος, velox].
Dulus [δοῦλος, servus].
Elonomes [ἕλος, palus, νέμομαι, pascor].
Eudyptes [εὖ, bene, δύπτης, urinator].
Eurystomus [εὐρύστομος, latum os habens].
Gypagus [γύψ, vultur, ἀγός, dux].
Hydrobata [ὕδωρ, aqua, βαίνω, gradior].
Ibycter [ἰβυκτὴρ, vociferator].
Leimonites [λειμωνίτης, pratensis].
Liponix [λείπω, deficio, ὄνυξ, unguis].
Lophorina [λόφος, crista, ῥὶν, naris].
Lophorhyncus [λόφος, crista, ῥύγχος, rostrum].
Lophyrus [λόφουρος, crista insignis].
Macrocercus [μακρόκερκος, prælongam caudam habens].
Macroglossi [μακρὸς, longa, γλῶσσα, lingua].
Macronyches [μακρὸς, longus, ὄνυξ, unguis].
Malurus [μαλὸς, tener, οὐρά, cauda].
Melithreptus [μελίθρεπτος, melle nutritus].
Mniotilta [μνίον, muscus, τίλλω, vello].
Monasa [μονασὴς, qui solus vivit].
Myiotheres [μυῖα, musca, θηράω, venor].
Myrmothera [μύρμος, formica, θηράω, venor].
Neops [νέος, novus, ὤψ, vultus].
Nyctibius [νυκτίβιος, noctu victum quærens].
Opæthus [ὠπαιθος, cujus oculi colore igneo ardent].
Ophiotheres [ὄφις, serpens, θηράω, venor].
Opistholophus [ὀπισθόλοφος, occiput cristatum].
Orthocorys [ὀρθόκορυς, erectam cristam habens].
Ortygodes [ὄρτυξ, coturnix].
Pedionomi [πεδίον, campus, νέμομαι, pascor].
Pericalles [περικαλλὴς, per pulcher].
Pelmatodes [πέλμα, planta pedis].
Petrodroma [πέτρα, rupis, δρόμα, cursitans].
Phœnicophaus [φοινικοφαὴς, purpureus aspectu].
Physeta [φυσητὴς, sufflator].
Ptyctolophus [πλυκτὸς, plicatilis, λόφος, crista].
Pogonius [πωγωνίας, barbatus].
Polyborus [πολυβόρος, multivorus].
Prionops [πρίων, serra, ὤψ, oculus].
Prionoti [πριονωτὸς, serratus].
Psaroïdes [ψάρος, sturnus, εἶδος, forma].
Pteroglossi [πτερὸν, pluma, γλῶσσα, lingua].
Ptilopteri [πτίλον, pinna, πτέρυξ, ala].
Pyrrotes [πυῤῥότης, color rufus].
Ramphopis [ῥάμφος, rostrum, ὤψ, oculus].
Saurothera [σαῦρος, lacertus, θηράω, venor].
Siphorini [σίφων, tubus, ῥὶν, naris].
Sparactes [σπαράκτης, lacerator].
Sphecotera [σφὴξ, vespa, θηράω, venor].
Spizaëtus [σπιζίας, accipiter, ἀετὸς, aquila].
Strepsilas [στρέφω, verto, λᾶς, lapis].
Strobilophaga [στρόβιλος, pineus nucleus, φάγος, edax].
Syndactyli [σὺν, simul, δάκτυλος, digitus].
Tachypetes [ταχυπέτης, celeriter volans].
Tachyphonus [ταχύφονος, celeriter cantans].
Tamnophilus [θάμνος, frutex, φιλέω, gaudeo].
Teleopodes [τέλειος, integer, πoῦς, pes].
Thryothorus [θρύον, juncus, θορέω, saltor].
Yphantes [ὑφάντης, textor].
Zygodactyli [ζυγὸς, jugum, δάκτυλος, digitus].

FIN.

www.ingramcontent.com/pod-product-compliance
Ingram Content Group UK Ltd.
Pitfield, Milton Keynes, MK11 3LW, UK
UKHW020355180726
13839UKWH00003B/1115